À propos de l'IFPRI

L'Institut international de recherche sur les politiques alimentaires (International Food Policy Research Institute, IFPRI) a été créé en 1975 pour identifier et analyser différentes stratégies et politiques nationales et internationales visant à satisfaire de façon durable les besoins alimentaires du monde en développement, en mettant un accent particulier sur les pays à faible revenu et sur les groupes les plus pauvres dans ces pays. Bien que les efforts de recherche aient pour objectif précis de contribuer à réduire la faim et la malnutrition, les facteurs pris en compte sont multiples et très divers, et exigent une analyse de processus sous-jacents au-delà d'une définition étroite du secteur alimentaire. Le programme de recherche de l'institut reflète une collaboration à l'échelle mondiale entre gouvernements et institutions des secteurs privés et publics intéressés à augmenter la production alimentaire et à améliorer l'équité de sa distribution. Les résultats de recherche sont diffusés aux responsables de politiques, aux faiseurs d'opinion, aux administrateurs, aux analystes de politiques, aux chercheurs et à tous ceux qui sont concernés par les politiques alimentaires et agricoles nationales et internationales.

L'IFPRI est l'un des membres du Consortium du Groupe consultatif pour la recherche agricole internationale (CGIAR).

2011 POLITIQUES ALIMENTAIRES MONDIALES RAPPORT

IFPRI®

INSTITUT INTERNATIONAL DE RECHERCHE SUR LES POLITIQUES ALIMENTAIRES

International Food Policy Research Institute
2033 K Street, NW
Washington, DC 20006-1002, USA
Téléphone: +1-202-862-5600
www.ifpri.org

ISBN: 978-0-89629-548-3

DOI: 10.2499/9780896295483

CRÉDITS PHOTOS

Image de couverture: © 2011 Tim Dirven/Panos
Images des chapitres: Page x © 2011 Tim Dirven/Panos; page 14 © 2011 G.M.B. Akash/Panos; page 24 © 2011 Sven Torfinn/Panos; page 38 © 2011 Patrick Brown/Panos; page 48 © 2008 Warren Clarke/Panos; page 54 © 2010 Jenny Matthews/Panos; page 62 © 2011 Sven Torfinn/Panos; page 68 © 2011 Zerihun Sewunet/ILRI; page 78 © 2011 Fernando Moleres/Panos.

CRÉATION GRAPHIQUE

Couverture: Julia Vivalo / Livre et mise en page: David Popham.

Table des matières

Préface

Depuis 2007, deux séries successives d'envolée des prix des denrées alimentaires ont causé la faim ou la malnutrition pour des millions de personnes dans le monde. Les mêmes facteurs qui avaient contribué à la hausse des prix en 2007-2008 ont refait surface en 2011 et ont pour nom : la baisse du taux de croissance de la productivité agricole, le niveau élevé du coût de l'énergie favorisant l'expansion de la production de biocarburants, la dépréciation du dollar américain, une forte demande des pays émergents en matière de produits agricoles et les bouleversements climatiques. Avec autant de facteurs en jeu, il est clair que les politiques alimentaires nécessaires pour assurer de façon durable l'accès à une alimentation saine, en quantité et en qualité suffisantes pour des millions de personnes, doivent transcender la production agricole traditionnelle. En conséquence, la demande de recherches fondées sur des données probantes susceptibles de soutenir ces politiques est plus forte que jamais. A cet effet, L'Institut international de recherche sur les politiques alimentaires (IFPRI) a mis à la disposition de la communauté internationale un grand nombre de résultats analytiques et autres produits de connaissance pour contribuer à répondre à cette demande.

Le Rapport sur les politiques alimentaires mondiales de l'IFPRI pour l'année 2011—le premier d'une série annuelle—dégage une perspective assez claire et profonde des avancées et développements en termes de politiques alimentaires. Il pose et apporte par la même occasion des réponses sur les questions suivantes : Que s'est-il passé en 2011 en matière de politiques alimentaires et pourquoi ? Quels sont les défis et opportunités qui en ont résulté ? Qu'est ce qui aurait pu être fait différemment ? Quels types d'interventions faut-il envisager dans l'avenir ?

En 2011, l'agriculture est passée au premier rang des préoccupations par rapport au développement économique mondial. En sus de son rôle premier qui est de fournir une alimentation adéquate, l'agriculture a finalement reçu une reconnaissance méritée pour son rôle primordial dans l'amélioration de la nutrition et de la santé, dans l'utilisation durable de la terre et autres ressources naturelles, et dans les solutions mises en place face aux menaces telles que celles liées aux changements climatiques au niveau mondial. Les investissements dans le secteur agricole sont en nette progression, avec des contributions provenant aussi bien des pays industrialisés que des économies émergentes et/ou en développement, du secteur privé, mais également d'entités philanthropiques. En plus de ces investissements assez importants, les décideurs politiques se sont engagés davantage à intensifier la coopération entre pays, en particulier dans leurs efforts pour contrôler l'instabilité des prix alimentaires à travers la mise en place de systèmes d'information sur le marché qui sont plus efficaces. Cette approche consistant à développer des politiques concertées doit être maintenue, sachant bien que les dispositions législatives d'un pays donné (particulièrement dans le domaine des politiques commerciales et environnementales liées aux biocarburants) peuvent affecter la sécurité alimentaire dans d'autres pays. Les rencontres prévues dans le cadre international, telle que la Conférence Rio+20 des Nations unies sur le développement durable qui aura lieu en juin 2012, ne devront pas ignorer les préoccupations des populations les plus vulnérables. La tragédie humanitaire dans la corne de l'Afrique nous démontre que les programmes de recherche et le partage de l'information ne suffisent nullement à prévenir, et encore moins à résoudre, les grands défis : il sera également nécessaire de prendre des actions préventives.

Les thèmes abordés dans le Rapport sur les politiques alimentaires mondiales de l'IFPRI pour l'année 2011 ont été choisis après de nombreux et fructueux échanges avec un groupe consultatif constitué de décideurs, de chercheurs et d'autres experts. Ces derniers ont donné le meilleur d'eux-mêmes pour identifier les questions de politique alimentaire les plus ardues et pertinentes qui ont marqué l'année 2011. Les membres du conseil d'administration et les experts de l'IFPRI ont également livré leurs réflexions sur ces mêmes défis. Le tout a été complété par une revue de la presse écrite et audiovisuelle pendant l'année 2011 sur le même sujet. Enfin, des décideurs et experts au plus haut niveau ont été interrogés sur la meilleure manière d'appréhender les différentes perspectives nationales et régionales.

Experts, chercheurs et autres parties prenantes ont apporté leurs contributions à l'identification de nouveaux développements ou changements importants en matière de politique alimentaire, ou encore de nouvelles modalités pour mieux aborder les questions de politique alimentaire. Les sujets qui sont traités dans ce rapport sont d'envergure régionale et globale, et reflètent des résultats de recherche ainsi que des opinions d'experts de haute qualité qui, ensemble, contribueront à améliorer la qualité des débats.

Le Rapport sur les politiques alimentaires mondiales de l'IFPRI pour l'année 2011 est le premier du genre, et nous espérons qu'il contribuera à enrichir les programmes de recherche afin de mieux éclairer la prise de décisions en matière de politiques alimentaires pour le bénéfice des plus démunis et vulnérables parmi nous. Je vous remercie d'avance de vos réactions, commentaires et suggestions, que nous serions heureux de recevoir à ifpri@cgiar.org.

SHENGGEN FAN
Directeur général

Remerciements

Ce rapport a été préparé sous la direction générale de Shenggen Fan accompagné d'une équipe composée de Alexander J. Stein, Zhenya Karelina, Klaus von Grebmer, Rajul Pandya-Lorch, et Gwendolyn Stansbury.

Il a grandement bénéficié des connaissances stratégiques d'un comité de conseillers comprenant Robert Bos, Margaret Catley-Carlson, Marion Guillou, Monty Jones, Agnes M. Kalibata, Michiel A. Keyzer, Justin Y. Lin, Mari E. Pangestu, Martin Pineiro, Prabhu Pingali, Beatriz da Silveira Pinheiro, Keming Qian, M. S. Swaminathan, Eric Tollens, Rhoda Tumusiime, Joachim von Braun, Emorn Wasantwisut, et Derek Yach. Le conseil d'administration de l'IFPRI ainsi que les membres de son équipe de direction ont également fourni des directives et des contributions.

De nombreuses personnes ont également apporté des contributions tant à la rédaction du texte qu'aux données : Perrihan Al-Riffai, Kym Anderson, Suresh Babu, Ousmane Badiane, Nienke Beintema, Samuel Benin, Deborah Brautigam, Clemens Breisinger, Bruce Campbell, Rahul Chaturvedi, Kevin Chen, Cindy Cox, S. Mahendra Dev, Betina Dimaranan, Paul Dorosh, Olivier Ecker, Shenggen Fan, Heidi Fritschel, Sara Gustafson, Derek Headey, Jikun Huang, Kabba Joiner, P. K. Joshi, Suneetha Kadiyala, Zhenya Karelina, Jawoo Koo, David Laborde, Rachel Licker, Tsitsi Makombe, Sohail J. Malik, Paswel Marenya, Geraldo B. Martha Jr., John McDermott, Ruth Meinzen-Dick, Siwa Msangi, Gerald Nelson, Alejandro Nin Pratt, Ephraim Nkonya, Tolulope Olofinbiyi, Steven Were Omamo, Robert Paarlberg, Amanda Palazzo, Rajul Pandya-Lorch, Amber Peterman, Prabhu Pingali, Beatriz da Silveira Pinheiro, Nilam Prasai, Agnes Quisumbing, Jagdeesh Rao Puppala, Claudia Ringler, M. S. Swaminathan, Maria Theresa Tenorio, Peter Timmer, Maximo Torero, Klaus von Grebmer, Stanley Wood, Derek Yach, Sivan Yosef, et Bingxin Yu.

Le rapport reflète également les réflexions des personnes suivantes sur les facteurs qui ont influencé les politiques alimentaires en 2011 : Bekele Geleta, José Graziano da Silva, Marion Guillou, Jeremy Hobbs, Michiel A. Keyzer, Rachel Kyte, Jiayang Li, Justin Yifu Lin, David Nabarro, Kanayo Nwanze, John Parker, Carlos Perez del Castillo, Keming Qian, Rajiv Shah, Josette Sheeran, Kathy Spahn, Eric Tollens, Joachim von Braun, et Emorn Wasantwisut.

La production de ce rapport a été confiée au Département Publications de l'IFPRI, y compris Adrienne Chu, Patricia Fowlkes, Heidi Fritschel, Corinne Garber, Michael Go, Marcia MacNeil, Lucy McCoy, Andrea Pedolsky, David Popham, Ashley St. Thomas, Julia Vivalo, et John Whitehead. Joanna Brzeska, Zhenya Karelina, Tolulope Olofinbiyi, et Ana Ramirez ont également été d'une aide précieuse aux recherches.

Le rapport a aussi bénéficié énormément d'un examen attentif par les pairs de la part du Comité de lecture des publications de l'IFPRI, présidé par Gershon Feder, et par de nombreux chercheurs et experts anonymes qui ont passé en revue les recherches et ont fourni des commentaires utiles sur les versions préliminaires du rapport.

APERÇU

Principaux développements en matière de politique alimentaire en 2011

Shenggen Fan, IFPRI

L'ANNÉE 2011 A MIS EN LUMIÈRE LES DIFFICULTÉS persistantes qui entravent la sécurité alimentaire, de la volatilité des prix aux chocs climatiques extrêmes, de la famine aux troubles civils et aux conflits. Sur le plan politique, d'importants développements tant au niveau mondial que national se sont révélés porteurs d'espoir mais ont aussi permis d'identifier certains domaines où de plus amples actions sont nécessaires.

Commençons par les bonnes nouvelles : après avoir été négligées pendant de nombreuses années, l'agriculture et la sécurité alimentaire figurent de nouveau à l'ordre du jour des programmes politiques et de développement. L'Inde comme la Chine ont continué d'augmenter leurs dépenses consacrées à la sécurité alimentaire et la productivité agricole. Une vingtaine de pays africains ont adopté des plans nationaux d'investissement dans l'agriculture et la sécurité alimentaire. Par ces derniers, ils consacrent 10 % de leur budget national à l'agriculture en vue d'atteindre une croissance agricole de 6 % par an. L'USAID, l'Agence américaine pour le développement international, a continué de faire avancer son Initiative alimentaire pour l'avenir (*Feed the Future Initiative*) mise en place en 2010 tandis que le Groupe de la Banque mondiale a maintenu au même niveau ses engagements annuels envers l'agriculture et les secteurs connexes, qu'il venait récemment de porter à 6 milliards de dollars EU. Le Groupe consultatif pour la recherche agricole internationale (CGIAR), un partenariat mondial pour le développement durable dont l'IFPRI est membre, a amorcé un ensemble de programmes de recherche innovants et de grande envergure en 2011. Enfin, la Fondation Bill et Melinda Gates a révisé sa stratégie agricole, qui porte dorénavant une attention particulière au développement agricole en Afrique subsaharienne et en Asie du Sud.

Plus généralement, il semble que l'agriculture ait plus souvent été appréhendée comme un élément d'un contexte plus large. Il paraît de plus en plus évident que l'agriculture contribue non seulement à la production alimentaire, mais aussi à la nutrition et à la santé humaines — des conditions qui, à leur tour, peuvent influencer la productivité agricole et la croissance économique générale. L'agriculture constitue également un élément important de plusieurs autres systèmes interdépendants. Elle est étroitement liée à l'eau, aux terres et à l'énergie, sur lesquelles des pressions croissantes sont exercées, à l'instar de l'agriculture. De plus, plusieurs événements de 2011 ont mis en lumière à quel point la sécurité alimentaire — c'est-à-dire la possibilité d'accéder à des aliments sains, nourrissants et en quantité suffisante pour maintenir une vie saine et active — est liée aux autres notions de sécurité. Parmi celles-ci, on peut citer la sécurité économique (associée à l'emploi, aux salaires et au sexe), la sécurité sociopolitique (associée aux inégalités, à la gouvernance et aux conflits) et la sécurité environnementale (associée aux ressources naturelles).

Aux nouveaux courants de pensée se sont joints de nouveaux acteurs ayant fait leur apparition dans le système alimentaire mondial. Pour la première fois, en 2011, les ministres de l'agriculture des pays du Groupe des 20 (G20) se sont rencontrés et ont convenu d'unir leurs efforts afin de combattre la volatilité des prix alimentaires et l'insécurité alimentaire. Les économies émergentes telles que le Brésil, la Chine et l'Inde ont gagné en influence dans les décisions internationales, passant du rôle de bénéficiaires de l'aide internationale à celui de donateurs et de partenaires commerciaux dotés de leurs propres ambitions mondiales.

Cet aperçu passe en revue les principaux développements de 2011 en matière de politique alimentaire, dont le détail pourra être trouvé dans les autres chapitres de ce rapport qui analysent l'année de manière approfondie.

PRIX DES PRODUITS ALIMENTAIRES ET VOLATILITÉ

À l'échelle mondiale, le prix des produits alimentaires a augmenté au cours de la première moitié de l'année 2011, avant d'enregistrer une baisse au cours de la seconde moitié. L'indice des prix alimentaires de l'Organisation des Nations Unies pour l'alimentation et l'agriculture *(Food and Agriculture Organization)*, qui mesure l'évolution mensuelle du prix international d'un panier de produits alimentaires, a atteint un niveau record en février avant de connaître une baisse régulière de juin à décembre, terminant à un niveau inférieur par rapport au reste de l'année. Pour autant, la volatilité des prix alimentaires est restée prononcée en 2011.

Les facteurs qui avaient provoqué une augmentation des prix alimentaires en 2007-08 ont réapparu au cours de la crise de 2010-11. Pour l'essentiel, ils portent sur le cours élevé du pétrole, les politiques favorisant l'expansion de la production de biocarburants, l'augmentation du nombre de chocs climatiques tels que les sécheresses et les inondations et l'essor de la demande en provenance des économies émergentes. De surcroît, comme les réserves de céréales sont au plus bas et qu'une poignée de pays seulement exporte des céréales de base, le monde reste à la merci de la fluctuation des prix alimentaires. Toutefois, en raison du niveau élevé des récoltes dans les principales régions de production et de la remontée du dollar des États-Unis, les prix libellés en dollars ont baissé au cours de la seconde moitié de l'année.

Quel est l'impact de cette augmentation et de cette volatilité sur les prix pour les personnes pauvres ? L'augmentation des prix alimentaires ampute le budget des consommateurs pauvres mais elle peut aussi accroître le revenu des producteurs pauvres, s'ils produisent plus qu'ils ne consomment. Par contre, la volatilité des prix alimentaires est préjudiciable aussi bien pour les consommateurs que pour les producteurs : elle alimente l'incertitude, et rend plus difficile pour les ménages la prévision de leurs dépenses alimentaires et la planification de leur production. Toutefois, l'impact spécifique de la volatilité des prix sur les habitudes alimentaires des pauvres, et en particulier des femmes et des enfants, demeure encore méconnu. Par exemple, des recherches menées sur la crise des prix alimentaires de 2007-08 en Éthiopie ont révélé que les ménages ayant une femme pour chef de famille étaient particulièrement vulnérables aux chocs des prix alimentaires.[1]

Les fluctuations des prix alimentaires ont stimulé la mise en place de nouvelles politiques et initiatives au cours de l'année. Comme indiqué plus haut, les ministres de l'agriculture des pays du G20 se sont réunis afin d'élaborer un plan d'action visant à limiter la volatilité des prix, réglementer les marchés de produits de base et promouvoir la productivité agricole à long terme. Vers la fin de l'année, les pays membres de l'Association des nations de l'Asie du Sud-Est, auxquels se sont joints la Chine, le Japon et la Corée du Sud (connus collectivement comme ASEAN+3) ont mis en place une réserve de sécurité en riz pour assurer la sécurité alimentaire à long terme dans la région.

Certaines politiques nationales élaborées en réaction à l'évolution des prix alimentaires ont pu avoir pour effet d'accentuer les tensions exercées sur le système alimentaire mondial. C'est, par exemple, le cas de la Thaïlande, le plus grand pays exportateur de riz blanchi dans le monde, qui, pour augmenter les revenus de ces producteurs, a mis en place un système de subvention du riz qui a menacé de réduire ses exportations et de contribuer ainsi à l'augmentation du cours mondial du riz comme le montre la tendance observée au cours du second semestre. D'autres pays, tels que la Chine, ont quant à eux décidé d'augmenter leurs importations de céréales afin de construire des réserves stratégiques, nourrissant par là-même des inquiétudes concernant une contraction des marchés des céréales.

CHOCS D'ORIGINE NATURELLE ET HUMAINE

En 2011, le monde a connu des catastrophes naturelles qui comptent parmi les plus sévères jamais enregistrées. Séisme de magnitude 9.0 et tsunami au Japon, tempêtes ou inondations de forte intensité au Brésil, au Pakistan, aux Philippines, en Thaïlande et aux États-Unis et sécheresse dans la Corne de l'Afrique : autant d'événements qui ont provoqué de fortes pertes économiques au cours de l'année. Selon la base de données internationale sur les catastrophes naturelles, plus de 200 de celles-ci ont eu lieu au cours de l'année, affectant près de 100 millions de personnes à travers le monde.[2] Selon les estimations de Munich Re, une compagnie de réassurance basée en Allemagne, les catastrophes naturelles de 2011 ont provoqué des pertes économiques s'élevant au niveau record de 380 milliards de dollars EU, soit plus du double des pertes de 2010 et bien plus que l'ancien record de 2005.[3] Les personnes pauvres et mal nourries sont particulièrement exposées à ces chocs naturels.

Dans la Corne de l'Afrique, la sécheresse provoquée par plusieurs mauvaises saisons de pluies consécutives, a atteint une intensité inégalée depuis 60 ans. Ces conditions ont entraîné une crise de grande envergure dans la région, qui s'est avérée particulièrement catastrophique en Somalie. Dans de nombreuses parties de la Corne, notamment les basses terres, cette crise s'est traduite par des pertes de culture significatives, une importante diminution des pâturages, une montée en flèche des prix alimentaires et une mortalité élevée du bétail et des populations. Cette situation tragique a attiré l'attention tardive des instances politiques et des médias alors qu'étaient touchées plus de 13 millions de personnes, principalement des pasteurs et des agriculteurs, dont la sécurité alimentaire et nutritionnelle se trouvait fortement menacée. L'insécurité alimentaire et la sous-alimentation ont été particulièrement aiguës parmi les groupes vulnérables, tels que les femmes et les enfants. Selon le Fonds des Nations Unies pour l'enfance, plus de 320 000 enfants auraient souffert de malnutrition au plus fort de la crise.

Si dans la Corne de l'Afrique, les sécheresses ne sont pas nouvelles, l'ampleur de la crise de 2010-11 aura été exceptionnelle. Bien que l'exposition aux chocs naturels soit inévitable, la vulnérabilité des populations face à ces chocs ne l'est pas. Pour réduire cette vulnérabilité, il faut renforcer les capacités des sociétés à faire face aux catastrophes, mais aussi renforcer leur résilience en cas de choc futur. Étant donné la sévérité de la sécheresse dans la Corne de l'Afrique et la fréquence des urgences humanitaires dans la région, il semble nécessaire de mener des efforts concertés en vue d'une transformation en conjuguant innovation, expérimentation et engagement politique pour renforcer la résilience et atténuer les stress chroniques qui entravent également les progrès dans la région.

CHANGEMENT CLIMATIQUE

Les événements climatiques de 2011, plus extrêmes que jamais, portent à croire que le changement climatique exercera des pressions supplémentaires sur l'agriculture au cours des prochaines décennies. L'année 2011 nous a également apporté des preuves supplémentaires de l'augmentation des émissions de gaz à effet de serre et de l'impact du changement climatique sur la productivité agricole, qui se fait d'ores et déjà ressentir.

Les progrès encourageants accomplis au cours des conventions climatiques annuelles de 2010 à Cancun et de 2011 à Durban ont permis de soulager le sentiment de déception né de l'échec des négociations de Copenhague en 2009, qui n'avaient pas abouti à des engagements contraignants, et ont renforcé la position de l'agriculture dans les négociations mondiales sur le changement climatique. La création de la plateforme de Durban pour l'action approfondie *(Durban Platform for Enhanced Action)* en fut l'un des plus grands aboutissements. Cette plateforme, qui inclut tous les signataires du Protocole de Kyoto ainsi que les États-Unis, est un mécanisme qui vise à élaborer d'ici 2015 un traité dont l'objectif sera de parvenir d'ici 2020 à un accord juridiquement contraignant aussi bien pour les pays développés que pour les pays en développement.

En dehors du cadre formel des négociations, les pays et régions entreprennent individuellement des efforts pour s'adapter au changement climatique ou en atténuer les effets, même si le contexte macroéconomique est difficile. Par exemple, la Chine, l'Inde et le Kenya ont tous entrepris d'importantes activités d'adaptation et d'atténuation dans le domaine de l'agriculture. Les progrès aux niveaux national et sous-national ne devraient toutefois pas occulter le principe de responsabilités communes mais différenciées inscrit dans le texte de la Convention-cadre des Nations Unies sur les changements climatiques. Au contraire, ces activités nationales et sous-nationales pourraient constituer la base d'un accord multilatéral contraignant visant à poursuivre les stratégies de développement à faibles émissions.

BIOCARBURANTS

En 2011, c'est dans l'Union européenne, aux États-Unis et au Brésil qu'ont eu lieu les principales évolutions politiques en matière de biocarburants. Aux États-Unis, la loi de 2011 sur l'expansion du marché des biocarburants *(Biofuels Market Expansion Act)* est entrée en vigueur tandis que le débat s'est centré sur la question d'une éventuelle abrogation du crédit d'impôt fondé sur le volume d'éthanol *(Volumetric Ethanol Excise Tax Credit)* accordé lorsque de l'éthanol est mélangé à l'essence. En effet, les recherches semblent indiquer que ce crédit d'impôt, conjugué à l'obligation d'ajouter un biocarburant, se traduit aussi bien par une dégradation du niveau de vie que par une réduction de l'efficience.[4] De plus, une Table ronde pour des biocarburants durables a été lancée en tant que mécanisme de certification des producteurs de biocarburants qui respectent les normes d'impact minimal sur l'environnement et adoptent des pratiques de travail équitables. Cette certification devrait faciliter la conformité de ces producteurs avec les réglementations de l'Union européenne tout en créant un « label écologique » qui pourrait leur permettre de vendre à un prix plus avantageux alors que le marché continue de se développer.

Les impacts environnementaux de la production de biocarburants ont été abondamment étudiés par l'Union européenne au cours de l'année 2011. Relativement à cette production, l'une des questions les plus cruciales concerne le changement indirect d'affectation des terres, c'est-à-dire à savoir si l'affectation croissante des terres à la culture de biocarburants se traduit par une conversion d'espaces naturels en terres cultivées, ce qui diminuerait le potentiel de la production de biocarburants à réduire les émissions de carbone. En date de décembre 2011, la Commission européenne n'avait pas encore rendu public

ACTIONS & ÉVÉNEMENTS RELATIFS À LA POLITIQUE ALIMENTAIRE EN 2011

FORUM ÉCONOMIQUE MONDIAL SUR L'AGRICULTURE
À l'occasion du Forum économique mondial en Suisse, une « Nouvelle vision de l'agriculture » est présentée pour promouvoir des solutions axées sur le marché en vue d'accélérer une croissance agricole durable.
28 janvier

DOCUMENT N°1 DE LA CHINE
Pour la huitième année consécutive, le Document N°1 de la Chine porte sur la conservation de l'eau et les infrastructures hydriques en raison des sécheresses et des inondations de l'année précédente.
29 janvier

CONFÉRENCE DE L'IFPRI SUR LA NUTRITION ET LA SANTÉ
Plus de 1000 personnes participent à la conférence organisée par l'IFPRI « Leveraging Agriculture for Improving Nutrition and Health » (L'effet de levier de l'agriculture pour améliorer la nutrition et la santé) organisée à New Delhi, en Inde.
10 - 12 février

SOMMET DU FORUM AFRIQUE-INDE
Au cours du second Sommet du Forum Afrique-Inde organisé à Addis-Abeba en Éthiopie, sous le thème « Pour un partenariat renforcé : une vision partagée », les dirigeants présentent un cadre de renforcement de la coopération entre les pays africains et l'Inde.
24–25 mai

RÉUNION DES MINISTRES DE L'AGRICULTURE DU G20
La réunion des ministres de l'agriculture du G20 à Paris - la première réunion de ce genre - aboutit sur une proposition pour combattre la volatilité des prix et renforcer la sécurité alimentaire.
22–23 juin

JAN FÉV MAR AVR MAI JUIN

L'INDICE DES PRIX ALIMENTAIRES AU PLUS HAUT

238

FÉVRIER 2011
le plus haut niveau de l'histoire de l'IPA

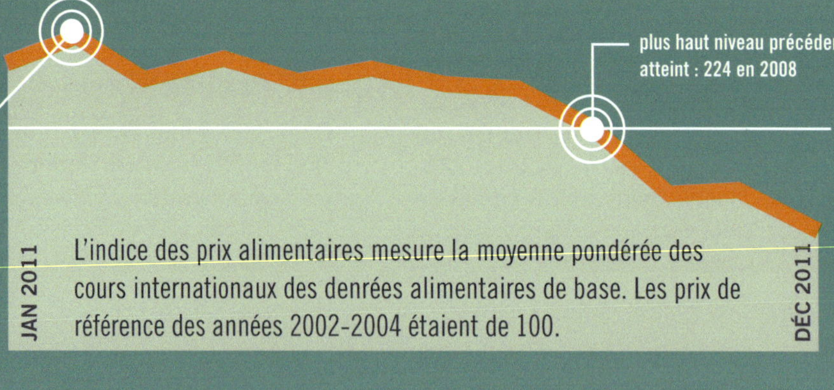

Les prix alimentaires ont dépassé leur niveau de 2008 presque tout au long de l'année 2011. Ce n'est qu'au cours du dernier trimestre que les prix sont passés en dessous du niveau record de 224.

son rapport sur les impacts des biocarburants, mais une fois que les recherches auront apporté des preuves plus concluantes de cet impact et défini diverses options politiques, la région devrait pouvoir être en mesure d'adapter sa directive sur les énergies renouvelables.

Le Brésil, la Chine et l'Inde ont eux aussi développé et révisé significativement leurs politiques relatives aux biocarburants, ce qui pourrait avoir un impact important sur la sécurité alimentaire aussi bien à l'intérieur qu'à l'extérieur de leurs frontières.

Enfin, la catastrophe de la centrale nucléaire de Fukushima Daiichi au Japon, survenue également en 2011, a relancé le débat sur les risques potentiels de l'énergie nucléaire, si bien qu'un certain nombre de pays réduisent ou éliminent progressivement leur dépendance sur ce type d'énergie. Ce débat pourrait inciter certains pays à se tourner vers la bioénergie, provoquant ainsi de nouvelles augmentations des prix alimentaires mondiaux.

LE LIEN ENTRE ALIMENTATION ET AGRICULTURE

Dans un environnement de plus en plus interconnecté, les responsables politiques ont commencé à reconnaître plus ouvertement les liens entre agriculture et nutrition, santé, eau et énergie.

Le trinôme agriculture-nutrition-santé est apparu sur le devant de la scène en 2011 avec la conférence internationale « Leveraging Agriculture for

RUSSIE LÈVE L'INTERDICTION D'EXPORTATION DE CÉREALES
Russie lève l'interdiction d'exportation de céréales qu'elle avait posée l'année précédente après la destruction d'une grande partie sa récolte annuelle par des incendies de forêt.
juillet

L'ONU DÉCLARE L'ÉTAT DE FAMINE EN SOMALIE
Les Nations Unies annoncent que la sécheresse dans la Corne de l'Afrique a provoqué une véritable situation de famine dans certaines régions de Somalie.
20 juillet

L'ONU SE CONCENTRE SUR LES MALADIES NON TRANSMISSIBLES
La toute première Assemblée générale des Nations Unies sur la prévention et la maîtrise des maladies non transmissibles déclare qu'il est nécessaire d'adopter une approche pangouvernementale incluant le secteur agricole.
19 -20 septembre

L'ONU SUR LA DÉGRADATION DES SOLS
L'Assemblée générale des Nations Unies appelle à la construction d'un monde « neutre » en termes de dégradation des sols, un objectif qui s'aligne sur le thème de l'économie verte abordé par la Conférence « Rio+20 », la Conférence des Nations Unies sur le développement durable.
19 -20 septembre

RÉSERVE DE RIZ D'URGENCE DE L'ASEAN
L'ASEAN (Association des nations de l'Asie du Sud-Est), ainsi que trois ministères, approuvent la mise en place d'un programme de réserve de riz d'urgence.
7 octobre

SÉCURITE ALIMENTAIRE/NUTRITIONNELLE EN AFRIQUE
La Journée africaine de la sécurité alimentaire et nutritionnelle se déroule pour la deuxième fois, avec pour thème « Investir dans le commerce intra-Afrique pour la sécurité alimentaire et nutritionnelle ».
31 octobre

LA CONFÉRENCE DE BONN 2011 SE PENCHE SUR LA SÉCURITE ALIMENTAIRE
L'Allemagne accueille la Conférence Bonn 2011 sur les liens entre eau, énergie et sécurité alimentaire en préparation à la Conférence Rio+20 sur le développement durable.
16–18 novembre

ONU : ACCORD SUR LE CHANGEMENT CLIMATIQUE
Lors de la Conférence des Nations Unies sur les changements climatiques à Durban en Afrique du Sud, les délégués approuvent l'adoption, d'ici 2015, d'un accord universel contraignant sur le changement climatique.
28 novembre–9 décembre

LOI NATIONALE SUR LA SÉCURITE ALIMENTAIRE EN INDE
Le gouvernement indien introduit par voie parlementaire une nouvelle loi nationale sur la sécurité alimentaire, passant ainsi à une approche de la sécurité alimentaire axée sur les droits.
22 décembre

L — AOU — SEP — OCT — NOV — DÉC

COMBIEN DE PERSONNES SOUFFRAIENT DE LA FAIM ? CRISE ALIMENTAIRE DANS LA CORNE DE L'AFRIQUE

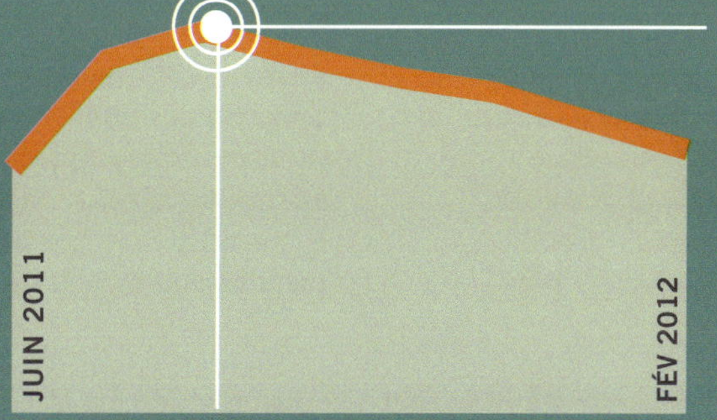

SEPTEMBRE 2011
Dans la Corne de l'Afrique, plus de 13,3 millions de personnes ont été touchées par l'une des sécheresses les plus intenses de ces 60 dernières années.

10 mois en novembre 2010, le système d'alerte rapide prévient la région d'une crise imminente

11 millions le nombre de personnes ciblées pour bénéficier de l'aide alimentaire au plus fort de la crise

SOURCE : Organisation des Nations Unies pour l'alimentation et l'agriculture

Improving Nutrition and Health » *(l'effet de levier de l'agriculture pour améliorer la nutrition et la santé)* organisée à New Delhi par l'IFPRI dans le cadre de son Initiative Vision 2020. Cette conférence a inspiré et soutenu une grande variété d'initiatives nouvelles, y compris le lancement par le CGIAR d'un important programme de recherche intitulé « Agriculture for Improved Nutrition and Health » *(L'agriculture pour l'amélioration de la nutrition et de la santé).* En outre, plusieurs organismes de développement ont également commencé à concevoir ou remodeler leurs programmes en vue de mieux exploiter les liens entre agriculture, nutrition et santé. C'est le cas par exemple de l'USAID avec son Initiative alimentaire pour l'avenir ou encore du Département britannique pour le développement international (DFID). En 2011, 24 pays présentant un taux élevé de sous-nutrition ont rejoint l'initiative pour le renforcement de la nutrition *(Scaling Up Nutrition initiative),* un mouvement qui réunit gouvernements, société civile, secteur privé, institutions de recherche et les Nations Unies avec pour objectif d'aider les pays à élaborer des plans nationaux sensibles aux problèmes de nutrition. Ce mouvement bénéficie également de l'appui de plus de 100 organisations. En Afrique subsaharienne, des efforts ont été menés au niveau continental, régional et national pour incorporer les questions de nutrition et de santé aux stratégies de développement agricole. Ces efforts ont revêtu la forme d'ateliers, de conférences et de plans d'action. Par exemple, le Nouveau Partenariat pour le développement de l'Afrique et l'Alliance mondiale pour l'amélioration de la nutrition ont conclu un accord pour développer un programme quinquennal commun visant à intégrer pleinement la sécurité nutritionnelle dans le Programme détaillé de développement de l'agriculture africaine *(Comprehensive Africa Agriculture Development Programme).*

Les liens entre alimentation, eau et énergie ont également été mis en exergue en fin 2011 par le biais de la conférence « Liens entre eau, énergie et sécurité alimentaire » organisée à Bonn (Allemagne). L'Organisation des Nations Unies pour l'alimentation et l'agriculture *(Food and Agriculture Organization)* a ajouté un volet à sa série de rapports sur l'état du monde avec un rapport intitulé « L'État des ressources mondiales en terres et en eau » qui examine la disponibilité des terres cultivables, le degré de dégradation des sols et les institutions responsables de la gestion des ressources en terres et en eau qui se raréfient.[5]

Malgré les avancées, de plus amples efforts doivent être menés pour profiter au mieux des possibilités offertes par les liens entre l'agriculture et les autres secteurs. Parmi les entraves à la collaboration entre le secteur agricole et les autres domaines du développement, on peut citer le manque d'outils de mesures communs pour évaluer l'impact des interventions agricoles sur les autres résultats en matière de développement tels que la santé, la nutrition et les ressources naturelles. Enfin, il est nécessaire de conduire des recherches plus approfondies pour identifier des opportunités pour renforcer durablement les liens entre les différents secteurs et obtenir des résultats bénéfiques pour tous.

TERRES

La croissance de la population mondiale, l'augmentation de la demande en produits alimentaires, fibres et biocarburants et les flambées récentes des prix alimentaires mondiaux ont eu pour effet d'intensifier les pressions exercées sur les terres, entraînant à la fois une plus forte dégradation des terres et une augmentation des prix fonciers, en particulier en Afrique subsaharienne, en Asie de l'Est et dans certaines régions d'Amérique latine.

L'année 2011 a connu plusieurs développements importants en matière de politique foncière. L'Assemblée générale des Nations Unies a organisé une réunion de haut niveau pour aborder les questions relatives à la désertification, la dégradation des sols et la sécheresse, au cours de laquelle les représentants gouvernementaux ont non seulement souligné à quel point la dégradation des sols menace la durabilité sociale, économique et environnementale mais aussi insisté sur le besoin d'investir à l'avenir dans la gestion durable des terres. Plusieurs initiatives ont été lancées afin de renforcer les systèmes de gestion durable des terres grâce à l'acquisition et au partage de connaissances, notamment le Partenariat mondial sur les sols de la FAO ainsi que l'initiative sur les aspects économiques de la dégradation des sols *(Economics of Land Degradation Initiative)* entreprise par l'Allemagne, la Commission européenne et la Convention des Nations Unies sur la lutte contre la désertification. Au cours de ces événements, les chercheurs de l'IFPRI ont rendu publiques de nouvelles données qui indiquent que les responsables politiques devraient prêter attention à la dégradation des sols non seulement dans les zones arides, mais aussi dans de nombreuses terres irriguées de bonne qualité. Il faudrait également redoubler d'efforts pour garantir la disponibilité des engrais dans les zones où leur utilisation est indispensable pour rendre les sols plus fertiles.

L'une des dimensions des politiques de gestion foncière qui a particulièrement monopolisé le discours public en 2011 concerne la question des acquisitions de terres par des entités non nationales, souvent désignées par le terme « accaparement des terres », en particulier en Afrique subsaharienne. De telles acquisitions ont le potentiel d'apporter aux pays en développement les investissements agricoles dont ils ont tant besoin, mais peuvent également nuire à la sécurité alimentaire et aux moyens de subsistance des populations pauvres locales. Les transactions foncières de grande échelle peuvent aussi s'accompagner de retombées sur l'égalité entre les sexes si elles érodent les droits coutumiers des femmes.[6] Les rapports publiés sur la question en 2011 par la FAO, la Banque mondiale et le Fonds international de développement agricole ont tous exhorté les gouvernements à veiller à ce que les investissements destinés à l'agriculture soient responsables et à renforcer leurs systèmes d'administration des terres dans le respect des droits, des moyens de subsistance et des ressources de tous les citoyens.[7]

De plus en plus, de nouveaux « acteurs », tels que le secteur privé, les économies émergentes et les organisations philanthropiques, viennent redéfinir la structure et la nature du paysage de la politique alimentaire mondiale.

NOUVEAUX ACTEURS

De plus en plus, de nouveaux « acteurs », tels que le secteur privé, les économies émergentes et les organisations philanthropiques, viennent redéfinir la structure et la nature du paysage de la politique alimentaire mondiale. Non seulement ces nouveaux acteurs constituent une source inexploitée de soutien financier pour le renforcement de la sécurité alimentaire dans les pays en développement, mais ils apportent en outre une grande diversité de connaissances et d'expertise, mettant à jour de nouvelles pistes pour résoudre les défis que rencontre un système alimentaire mondial de plus en plus complexe.

En 2011, ces nouveaux acteurs ont plus que jamais participé aux processus d'élaboration des politiques alimentaires mondiales. Par exemple, le G20 semble devenir rapidement l'un des forums principaux pour la gestion des problèmes économiques mondiaux, aux côtés du G8. Le plan d'action des ministres de l'agriculture du G20 a également souligné à quel point il était important que les acteurs non étatiques, et surtout le secteur privé, fassent preuve d'un engagement plus grand dans le renforcement de la sécurité alimentaire mondiale. Les économies émergentes telles que le Brésil, la Chine et l'Inde ont consolidé leur engagement, en particulier par le renforcement de la coopération Sud-Sud. Par exemple, en 2011, la FAO et la Chine ont scellé des accords tripartites avec le Liberia et le Sénégal afin de fournir à ces derniers une assistance technique chinoise aux initiatives et aux projets de sécurité alimentaire. Parmi les développements notables, on peut citer la mise en place d'accords de coopération entre la Fondation Bill et Melinda Gates et des économies émergentes tels que le Brésil et la Chine, dans le but de favoriser les innovations agricoles et sanitaires dans les pays en développement.

D'autres initiatives apparues en 2011 témoignent de la participation croissante du secteur privé dans les efforts de renforcement de la sécurité alimentaire mondiale. Le Forum économique mondial a publié une Feuille de route pour les intervenants *(Roadmap for Stakeholders)* dans le cadre de son initiative « Une nouvelle vision de l'agriculture » qui, par la collaboration entre les sociétés partenaires du Forum, vise à promouvoir des stratégies de développement agricole durable axées sur le marché. Parallèlement, les PDG partenaires du Forum ont contribué au développement de postures politiques sur la volatilité des prix alimentaires et l'insécurité alimentaire qui ont directement alimenté les délibérations des ministres de l'agriculture du G20. Des partenariats publics-privés ont également vu le jour afin de promouvoir la croissance agricole, de combattre la malnutrition et d'améliorer la nutrition. Par exemple, PepsiCo a signé plusieurs accords avec des organisations internationales en vue de favoriser la croissance de la production agricole (en particulier parmi les petits exploitants), mais aussi d'appuyer les efforts en matière de sécurité nutritionnelle et économique à long terme dans les pays tels que la Chine, l'Éthiopie et le Mexique. Dans la même optique, des organisations philanthropiques privées et des organisations de la société civile ont continué d'appuyer considérablement le développement agricole, la nutrition, l'allégement de la pauvreté et la gestion des ressources naturelles.

Toutefois, le potentiel de ces nouveaux acteurs n'est pas encore exploité au maximum. Par exemple, la présence du secteur privé dans de nombreuses plateformes mondiales sur la sécurité alimentaire se limite principalement aux entreprises multinationales ; il n'existe aucune plateforme véritable sur laquelle les petites entreprises puissent s'engager. Enfin, jusque récemment, aucun nouvel acteur n'est apparu au sein de la communauté traditionnelle des donateurs, représentée par le Comité d'aide au développement de l'Organisation de coopération et de développement économiques.

DÉVELOPPEMENTS RÉGIONAUX

Au cours de l'année 2011, plusieurs évolutions régionales ont influé sur la sécurité alimentaire et l'agriculture, mais aussi sur le développement plus globalement.

Dans certaines régions d'Afrique du Nord et du Moyen-Orient, des facteurs présents depuis longtemps — du chômage des jeunes au creusement des écarts de revenu en passant par le risque élevé d'insécurité alimentaire — ont contribué à provoquer le printemps arabe, qui a eu lieu principalement en Égypte, en Lybie et en Tunisie mais aussi au Bahreïn, en Syrie et au Yémen. Pour surmonter les défis qui sont à l'origine du printemps arabe, il faudra définir des stratégies de développement plus inclusives. Afin d'améliorer la sécurité alimentaire des ménages, les gouvernements de la région devront adopter des politiques qui stimulent une croissance inclusive, par exemple en créant des emplois pour les jeunes et les pauvres, et mettre en place des filets de sécurité sociale plus larges et mieux ciblés.

En 2011, les pays africains ont effectué de grands progrès dans la mise en œuvre du Programme détaillé pour le développement de l'agriculture en Afrique (PDDAA). Ce programme constitue le cadre pan-continental dans lequel l'Union africaine envisage de renforcer la productivité agricole et la sécurité alimentaire. Six pays supplémentaires ont signé un pacte dans lequel ils s'engagent à atteindre un taux de croissance annuel de 6 % pour le secteur agricole et à consacrer au minimum 10 % de leur budget national au financement de ce secteur, ce qui porte le nombre de pays signataires à 29. Environ 20 d'entre eux ont élaboré des plans nationaux d'investissement tandis que 6 ont bénéficié des financements du Programme mondial pour l'agriculture et la sécurité alimentaire pour un montant global de 270 milliards de dollars EU.

En Inde, le Parlement a voté la loi sur la sécurité alimentaire nationale, qui prévoit de fournir à un prix modique, du riz, du blé et des céréales secondaires à plus de la moitié de la population indienne, qui s'élève à 1,2 milliard d'habitants. Il s'agit du plan grand programme de lutte contre la faim dans le monde. Quant à la Chine, elle a annoncé son ambition de stimuler la productivité agricole par l'augmentation des investissements publics destinés à l'irrigation mais aussi à la conservation de l'eau, un domaine dans lequel elle prévoit d'investir environ 630 milliards de dollars EU au cours des 10 prochaines années.

En Amérique centrale et dans les Caraïbes, la combinaison de prix élevés et volatiles et de plusieurs catastrophes naturelles fait craindre un nouvel essor de la malnutrition dans la région. En octobre 2011, les ministres de l'agriculture des Amériques ont approuvé une déclaration soulignant l'importance de la multiplication des investissements destinés à l'agriculture afin de réduire la faim et la pauvreté et de favoriser la stabilité sociale dans l'hémisphère.

Enfin, en Europe et aux États-Unis, le soutien politique continu en faveur de la production de biocarburants, les subventions agricoles, l'hostilité à l'égard de la biotechnologie (surtout en Europe), et les dispositifs protectionnistes ont affecté négativement le secteur agricole des pays en développement.

PERSPECTIVES POUR 2012 ET POSSIBILITÉS D'ACTION

Dans l'ensemble, l'année 2011 et les années qui l'ont immédiatement précédée ont mis en lumière des lacunes graves qui menacent le système alimentaire mondial ; parmi les plus visibles, on peut citer l'incapacité à réagir face à la volatilité des prix, les événements climatiques extrêmes et les interventions inadaptées en cas d'urgence alimentaire. Cependant, les problèmes chroniques et de longue durée, tels que l'insécurité alimentaire et nutritionnelle, révèlent également les aspects du système alimentaire qui pourraient être améliorés. De surcroît, plusieurs inconnues demeurent. On ne peut toujours pas affirmer avec certitude si l'économie mondiale va poursuivre son ralentissement ou connaître une reprise. Pour aborder toutes ces problématiques dans un monde aux ressources limitées, il faut continuer d'accorder une place prioritaire aux questions relatives à l'agriculture et à la sécurité alimentaire en 2012 et au-delà.

Si aucune mesure préventive n'est prise, plusieurs zones sensibles pourraient connaître une crise alimentaire en 2012. Une fois encore, les systèmes d'alerte rapide mettent en lumière les risques posés par la sécheresse en Afrique : cette fois-ci, dans la région du Sahel comme le Burkina Faso, le Mali, le Niger et le Sénégal. L'expérience de la Corne de l'Afrique nous a tragiquement rappelé à quel point il est important d'agir rapidement et agressivement afin de désamorcer les crises humanitaires. L'incertitude plane également sur la situation de la Corée du Nord, un pays bénéficiaire depuis longue date de l'aide alimentaire mais qui connaît aujourd'hui une transition à la tête du pouvoir.

En 2012, les participants aux principaux événements internationaux devront continuer de donner la priorité aux questions de politique alimentaire. Le sommet du G8 qui se tiendra en mai aux États-Unis et celui du G20 qui se tiendra en juin à Los Cabos (Mexique) pourraient être l'occasion pour ces deux groupes d'accroître l'attention qu'ils portent déjà à la sécurité alimentaire mondiale et de s'assurer que les engagements financiers pris par le passé soient respectés. Il est important que les discussions et les décisions de la conférence Rio+20 sur l'économie verte et le développement durable ne négligent pas les populations pauvres qui ont besoin d'un meilleur accès aux produits alimentaires, à l'emploi et aux ressources naturelles, tout autant que d'un système de protection sociale fiable.

Plus généralement, les responsables de l'élaboration des politiques alimentaires devront surmonter un certain nombre de défis en 2012 et au-delà. En matière

Rétrospective

Perspectives

DES ÉVÉNEMENTS ENCOURAGEANTS...

- L'agriculture, la nutrition et la santé ont progressé dans les priorités des agendas nationaux et mondiaux, tandis que les liens entre l'agriculture, l'alimentation, la terre, l'eau et l'énergie ont eux aussi bénéficié de plus d'attention (voir Chapitre 6).
- Les principaux dirigeants politiques du monde ont fait de la politique alimentaire une priorité majeure, et le G20 s'est mis d'accord sur un Plan d'action sur la volatilité des prix alimentaires et sur l'agriculture.
- Au cours du Forum économique mondial, les dirigeants des entreprises et de la société civile du monde ont apporté un renouveau de dynamisme à l'agriculture en lançant leur Nouvelle vision pour l'agriculture.
- Des progrès encourageants ont été enregistrés au cours de la conférence de Durban sur le changement climatique, avec la reconnaissance du rôle potentiel de l'agriculture dans l'adaptation au changement climatique et l'atténuation de ses effets (voir Chapitre 4).
- L'importance accordée par la Chine à sa politique agricole a porté ses fruits puisque la production totale de céréales y a dépassé 570 millions de tonnes, un nouveau record (voir Chapitre 9).
- Le parlement indien a promulgué une loi nationale sur la sécurité alimentaire afin de fournir des céréales à un prix abordable à plus de la moitié de ses 1,2 milliard d'habitants (voir Chapitre 9).
- De nouvelles initiatives telles que le Programme Feed the Future, le Programme mondial pour l'agriculture et la sécurité alimentaire et des coopérations Sud-Sud ont stimulé l'investissement dans l'agriculture.
- La promotion de la nutrition maternelle et infantile a gagné du terrain dans la mesure où il est dorénavant largement accepté que la nutrition pendant les mille jours séparant la conception du deuxième anniversaire d'un enfant sont d'une importance cruciale pour le reste de sa vie.

DES ÉVÉNEMENTS QU'ON ESPÉRAIT NE PAS VOIR SE PRODUIRE...

- Les prix alimentaires élevés et extrêmement volatils au cours de la première partie de l'année ont menacé la sécurité alimentaire de millions de personnes (voir Chapitre 2).
- Les États-Unis et l'Union européenne n'ont pas modifié leurs politiques relatives aux biocarburants pour prendre en compte leur impact sur le changement dans l'utilisation des terres et la volatilité des prix alimentaires (voir Chapitre 5).
- Le cycle de négociations commerciales de Doha n'est toujours pas achevé, permettant ainsi aux pays de maintenir en place des politiques nationales qui sapent les perspectives commerciales des pays en développement et la viabilité du système alimentaire mondial.
- L'établissement d'une norme internationale claire ou d'un « code de conduite» pour les investissements fonciers étrangers à grande échelle a bénéficié de trop peu d'attention).
- Les pays africains ne satisfont pas leur objectif de consacrer au moins 10 % de leurs ressources budgétaires nationales à l'agriculture.
- La communauté internationale a réagi lentement et trop tardivement à la catastrophe qui se déroulait dans la Corne de l'Afrique (voir Chapitre 3).
- La faim sévit toujours dans le monde : chaque jour, près d'un milliard de personnes souffrent de la faim, tandis que l'indice 2011 de la faim dans le monde considère l'état de la faim dans une vingtaine de pays comme « alarmant » ou « extrêmement alarmant ».

À SURVEILLER EN 2012

- Comment les État réagissent aux crises financières et comment cela affecte leur assistance au développement, en particulier dans les domaines de l'agriculture et de la sécurité nutritionnelle ?
- Quels sont les progrès réalisés dans les diverses initiatives entreprises en 2011, telles que le Plan d'action du G20 ou l'engagement réitéré du G8 d'améliorer la sécurité alimentaire ?
- Quel est l'impact des transactions non commerciales sur les marchés à terme, et celui du volume croissant des échanges de fonds indiciels sur les prix élevés et volatils des matières premières agricoles ? (voir Chapitre 2).
- À quel point l'agriculture est-elle intégrée dans les discussions sur l'environnement et la durabilité, telles que le Sommet de la Terre 2012 ou le débat sur le changement climatique ?
- Que font les nouvelles directions d'organisations telles que la Banque mondiale, l'Organisation des Nations Unies pour l'alimentation et l'agriculture, ou le Programme alimentaire mondial pour promouvoir l'agriculture et la sécurité nutritionnelle ?
- Les enseignements tirés pendant la crise dans la Corne de l'Afrique sont-ils mis en pratique pour accroître l'efficacité et l'impact des interventions visant la crise qui se profile au Sahel ou l'éventuelle crise en Corée du Nord ?
- Comment l'équilibre des pouvoirs évolue-t-il dans la recherche agricole, la technologie, la production et le commerce, sous l'effet de la pression exercée sur l'agenda agricole par les économies émergentes ? (voir Chapitre 8).
- Quels sont les pays qui réalisent le plus de progrès en direction du premier objectif du Millénaire pour le développement, et pourquoi ?

d'insécurité alimentaire et nutritionnelle chronique, les problèmes de longue durée persistent, même si des événements plus dramatiques et des crises aiguës viennent parfois les occulter. Nous serons bientôt en 2015, date-butoir de la réalisation des Objectifs du Millénaire pour le développement, et il est quasiment certain que l'objectif de réduction de moitié de la faim dans le monde ne sera pas atteint. En Asie du Sud et en Afrique subsaharienne notamment, le taux d'insécurité alimentaire et nutritionnelle demeure alarmant malgré les progrès réalisés ces dernières années. De plus, il faudra poursuivre les efforts en vue d'atteindre un accord international efficace sur le changement climatique.

Nous devons trouver de nouveaux moyens d'exploiter les liens entre l'agriculture et les autres secteurs, dont la santé, la nutrition, l'eau et l'énergie. S'ils tiennent compte des questions d'égalité des sexes, les investissements et les interventions dans ces domaines n'en seront que plus efficaces. Comme l'agriculture se trouve à l'intersection de tous ces domaines, nous devons l'utiliser comme un levier pour obtenir des résultats de portée plus générale en matière de développement. Parallèlement, il sera primordial d'établir un système mondial pour mesurer, suivre et contrôler les impacts sur l'agriculture, la sécurité alimentaire et nutritionnelle, l'énergie et les ressources naturelles. De surcroît, en vue d'allouer les ressources de façon plus efficace, nous devrions commencer à fonder le prix des ressources naturelles et des produits alimentaires sur leur valeur totale pour la société, y compris leurs coûts sociaux et environnementaux tels que leurs impacts sur le changement climatique et la santé. Comme toutes ces actions devront s'appuyer sur des compétences et des connaissances aux niveaux national et local, le renforcement des capacités pourra contribuer à l'amélioration des résultats.

Ces événements et ces défis n'auront pas les mêmes répercussions sur tous les pays. C'est par le biais des politiques nationales et locales que les forces mondiales se traduisent en impacts sur le terrain et, dans cette mesure, l'efficacité de la gouvernance, du leadership et de la mise en œuvre peut faire toute la différence. Certains pays pourraient fortement bénéficier d'un redoublement d'efforts pour renforcer les capacités (c'est-à-dire les compétences et les connaissances) des décideurs politiques et des responsables de l'exécution des programmes à tous les niveaux.

Ces perspectives mettent en exergue certains domaines d'action de haute priorité pour 2012. Premièrement, le G20 devrait adopter des mesures supplémentaires pour endiguer la volatilité des prix, par exemple en multipliant les efforts pour réduire la concurrence entre la production de biocarburants et la production alimentaire et pour décourager les restrictions commerciales qui exacerbent la fluctuation des prix. Deuxièmement, la communauté internationale devrait harmoniser les stratégies régionales et mondiales de croissance agricole et établir ou renforcer les institutions et les capacités nécessaires pour garantir le succès de telles stratégies. En particulier, le sommet du G8 de 2012 devrait œuvrer pour garantir que les pays industrialisés respectent leurs engagements financiers en appui à un processus de développement dirigé par les pays en développement visant à atteindre la sécurité alimentaire dans ces mêmes pays. Troisièmement, les participants à la réunion Rio+20 devraient unir leurs efforts portant sur les aspects économiques, sociaux et de durabilité environnementale et s'engager à mener des actions concrètes pour surmonter les défis à long terme en matière de développement, y compris la mauvaise alimentation, la dégradation des sols et la rareté de l'eau. Enfin, une coalition intersectorielle de grande envergure devrait travailler conjointement pour résoudre les problèmes liés à la nutrition, l'alimentation et la santé. ■

Les facteurs qui ont influencé la politique alimentaire en 2011

Les évènements les plus spectaculaires en 2011 ont été ceux relatifs aux cours du blé, de leur flambée des prix à leur quasi effondrement. Au printemps, les médias s'attendaient à une seconde crise alimentaire mondiale, probablement pire que celle de 2007-08. Jusqu'en juillet, particulièrement avant la réunion du G20 des ministres de l'Agriculture, les spéculateurs et les fonds indiciels ont été accusés plus que jamais de causer la faim. Mais lorsque les prix du blé ont chuté, l'attention portée aux spéculations est retombée, ouvrant la porte, espérons-le, à une plus grande considération politique envers des problèmes plus vastes et de plus long terme, tel que le financement rural.

—Michiel A. Keyzer, Directeur, Centre pour les études alimentaires mondiales, Université libre, Amsterdam

De la sècheresse dans la Corne de l'Afrique, des inondations dans le Sud-est de l'Asie au manque de pluies dans la région du Sahel, 2011 a clairement montré l'impact dévastateur des chocs climatiques sur la sécurité alimentaire. Ces crises ont porté l'attention politique sur le besoin urgent de consolider la résilience des petites exploitations agricoles et des moyens de subsistance des pauvres en zones rurales. À partir de là, et au vu de la Conférence de l'ONU sur le Changement Climatique à Durban, il est essentiel que la résilience reste au centre des politiques de sécurité alimentaire, des initiatives, et des efforts de développement à tous les niveaux.

—Kanayo F. Nwanze, Président, Fonds international de développement agricole, Rome

Le Printemps arabe a été un des plus grand défis pour la politique alimentaire en 2011, et a démontré son importance. Les pays arabes sont étouffés de tous les côtés par les prix élevés des denrées alimentaires importées, la hausse des coûts des subventions alimentaires, et le double fardeau de la malnutrition et de l'obésité, qui augmente avec la croissance de la population. La région est aussi la plus vulnérable au réchauffement planétaire, à l'insuffisance d'eau, et aux interdictions d'exportations. Sans une bonne politique et des recherches, nourrir le monde arabe deviendra de plus en plus difficile.

—John Parker, Éditeur mondialisation, Economist, Londres

Lors de la flambée des prix des denrées alimentaires en 2008, des réponses précipitées telles que l'interdiction d'exportations alimentaires ont mené 100 millions de personnes à la pauvreté, la première augmentation enregistrée depuis des décennies. Quand les prix des denrées alimentaires ont augmenté à nouveau en 2011, le monde ne s'est plus précipité vers des réponses politiques médiocres, mais a plutôt investi dans la sécurité alimentaire à long terme. Pendant la pire des sècheresses depuis 60 ans, cette approche a été validée par le Kenya et l'Éthiopie qui sont parvenus à éviter une situation de famine, en partie grâce à l'initiative alimentaire pour l'avenir (Feed the Future) du Président Obama et à l'importance accordée au renforcement de la résilience par le développement agricole.

—Rajiv Shah, Administrateur, Agence des États-Unis pour le développement international, Washington, DC

Deux évènements majeurs se sont produits en 2011: Le premier, la récolte record de 571 millions de tonnes de céréales pour la huitième année consécutive de la Chine, contribuant ainsi à plus de stabilité sur le marché mondial des céréales, et ensuite, le Sommet du G20 des ministres de l'Agriculture qui s'est tenu à Paris. Nous sommes à l'aube d'une ère nouvelle de coopération internationale en matière de sécurité alimentaire mondiale où les pays émergents comme le Brésil, la Chine, l'Inde, et l'Indonésie joueront des rôles de plus en plus importants.

—Jiayang Li, Président, Académie chinoise des sciences agricoles, Pékin

Le monde en développement a encore été frappé par la volatilité des prix des denrées alimentaires et de l'approvisionnement en 2011. Contrairement à 2008, la demande de mesures efficaces pour faire progresser la sécurité alimentaire et nutritionnelle était au premier plan. Le Comité de la sécurité alimentaire mondiale a expressément déclaré que les politiques agricoles et l'investissement public devraient accorder la priorité à la nutrition et à la production alimentaire durable à petite échelle, et renforcer la résilience des systèmes alimentaires locaux et traditionnels ainsi que la biodiversité. Nous nous engageons entièrement à mettre cet objectif en œuvre.

—Kathy Spahn, Président et Directeur Général, Helen Keller International, New York

La République Démocratique du Congo, qui dispose de 75% de la deuxième plus grande superficie de forêts au monde, souhaite se positionner comme leader dans la réduction d'émissions des forêts. Le financement prévu s'élève à des milliards de dollars, ce qui démontre l'engagement accru du gouvernement dans l'agriculture. La spéculation sur les produits agricoles était aussi une priorité en 2011. Il y a peu de raison de penser que les spéculateurs orientent systématiquement les prix des denrées alimentaires, mais ils affectent la volatilité des prix. Cependant, une limitation des transactions spéculatives peut faire plus de mal que de bien. Le G20 a décidé de renforcer la transparence et a appelé l'organisation des Nations Unies pour l'alimentation et l'agriculture à surveiller les transactions de plus près.

—Eric Tollens, Professeur émérite, Université catholique, Louvain, Belgique

Pour la première fois, une grande importance a été accordée à l'agriculture lors du G20. La volatilité des prix et la sécurité alimentaire étaient les priorités de la présidence française. L'intérêt porté à ces problèmes continue en 2012 sous la présidence mexicaine et devrait générer des investissements importants dans l'agriculture, qui répondraient à la baisse de productivité.

—Justin Yifu Lin, Premier vice-président et économiste, Banque Mondiale, Washington, DC

Les prix constamment élevés des denrées alimentaires, entre autres, ont poussé la formation de marchés fonciers et, de ce fait, entraîné une pression commerciale sur les terres excessives dans un contexte de droits de propriété mal définis. Un nouveau paysage des politiques en matière d'énergie s'est dessiné avec l'utilisation de gaz de schiste et la bioénergie, et le retrait partiel de l'Allemagne et du Japon de l'industrie nucléaire. Ce changement indirectement lié à l'agriculture (sous la forme de coûts d'opportunité) relève le défi de lutter contre les changements climatiques. La politique alimentaire a aussi occupé une place significative lors des débats du G20, au cours desquels des propositions ont été avancées pour augmenter les aides à l'agriculture et améliorer le commerce des denrées. De cette façon, le suivi américain et européen renforcera la transparence et diminuera les spéculations.

—Joachim von Braun, Directeur, Département du Changement économique et technologique, Centre de recherche sur le développement, Bonn, Allemagne

Une agriculture intelligente face au climat accroît la productivité, renforce la résilience des agriculteurs, et réduit la contribution de l'agriculture aux changements climatiques tout en diminuant les émissions de gaz à effet de serre et augmentant le stockage de carbone sur les terres agricoles. Une plus grande reconnaissance au niveau mondial de l'agriculture intelligente face au climat et son potentiel d'offrir une triple victoire sur le plan de la sécurité alimentaire, l'adaptation et l'atténuation a été une des plus grandes réussites de 2011, ce qui a ouvert de réelles perspectives pour la politique alimentaire nationale.

—Rachel Kyte, Vice Président du Développement durable, Banque Mondiale, Washington, DC

Le processus du G20 avec la création du système d'information des marchés agricoles et la reconnaissance de l'importance d'une meilleure information, ont beaucoup influencé la politique agricole de 2011. C'est aussi le cas des conclusions de l'organisation des Nations Unies pour l'alimentation et l'agriculture (dans son rapport de 2011 sur la situation mondiale de l'alimentation et de l'agriculture) qui plaide que l'égalité des genres et la parité pourrait réduire de 150 millions le nombre d'affamés dans le monde. Aussi, la FAO a introduit un nouveau paradigme de l'agriculture, Save and Grow (Sauvegarder et faire croître) conçu pour augmenter la production mondiale alimentaire de façon durable.

—José Graziano da Silva, Directeur Général, Organisation des Nations Unies pour l'alimentation et l'agriculture, Rome

L'élan croissant suscité par le mouvement pour l'amélioration de la nutrition (Scaling Up Nutrition) était manifeste en 2011. Le mouvement a soutenu les efforts menés par les pays pour améliorer la nutrition grâce à des partenaires coopératifs travaillant dans des secteurs différents dans le même objectif. L'amélioration de la nutrition encourage les interventions directes en nutrition et les stratégies portant sur la nutrition, telles que les pratiques d'amélioration agricole pour produire sur des cultures riches en nutriments. La conférence internationale de 2011 « Tirer parti de l'agriculture pour améliorer la nutrition et la santé », sous la coordination de l'initiative Vision 2020 de l'IFPRI, a suscité l'intérêt des homologues internationaux et a joué un rôle opportun pour compléter les efforts collectifs en vue d'une meilleure nutrition.

—Emorn Wasantwisut, Conseiller principal, Institut de la nutrition, Université de Mahidol, Salaya, Thaïlande

Je salue l'engagement extraordinaire pris l'an dernier par les leaders internationaux dans l'amélioration de la nutrition humaine, qui a stimulé l'émergence du mouvement pour l'amélioration de la nutrition mené par les pays. Je suis particulièrement impressionné par la participation d'un large groupe d'acteurs concernés et j'encourage les politiques agricoles, industrielles, de santé, d'éducation, d'emploi, de sécurité sociale et économiques qui prennent en compte la nutrition. Nous nous félicitons de l'attention portée à l'amélioration d'actions spécifiques en vue de renforcer la nutrition à partir de la conception jusqu'au deuxième anniversaire d'un enfant, ainsi qu'à la responsabilité politique vers une amélioration équitable de la nutrition dans le contexte des politiques alimentaires, de santé, et de sécurité sociale.

—David Nabarro, Représentant spécial du Secrétaire Général des Nations Unies pour la sécurité alimentaire et la nutrition, New York

Pour la huitième année consécutive, la production totale chinoise de céréales a augmenté pour atteindre 571 millions de tonnes l'an dernier, dépassant ainsi pour la première fois en un demi-siècle les 550 tonnes métriques. Cette production a aidé la Chine à lutter contre l'inflation de l'indice des prix à la consommation et a stabilisé les prix des denrées alimentaires à travers le monde. De plus, un groupe d'études mené par Yuan Longping, le père du super riz hybride, a annoncé que le rendement de riz hybride par mu a dépassé les 900 kg dans un des sites pilotes, ce qui pourrait contribuer à la sécurité alimentaire chinoise et mondiale.

—Keming Qian, Directeur Général, Département de développement et de planification, ministère de l'Agriculture, Pékin

En 2011, Oxfam a lancé une campagne la plus ambitieuse de son histoire « CULTIVONS ». Les prix des denrées alimentaires, l'aplatissement des rendements, les changements climatiques, le commerce déloyal, l'effondrement des marchés, l'inégalité entre les hommes et les femmes, et l'accaparement des terres sont tous liés et contribuent donc à un système alimentaire mondial principalement dominé par une poignée de puissants gouvernements et entreprises, qui ne répondent pas aux besoins de la majorité de la population. CULTIVONS encourage les changements politiques et les pratiques à l'échelle mondiale et locale pour produire plus de nourriture de façon équitable et durable.

—Jeremy Hobbs, Directeur exécutif, Oxfam International, Oxford, Angleterre

Les effets déstabilisants et les incertitudes qui résultent de l'envol des prix des denrées alimentaires de base, des crises alimentaires et de la famine dans la Corne de l'Afrique, ont permis de faire passer les inquiétudes en matière de sécurité alimentaire à un échelon politique supérieur. Ces inquiétudes sont à présent une priorité sur les agendas des décideurs gouvernementaux qui y prêtent plus d'attention et les considèrent plus que dans le passé. C'est un grand pas en avant puisque la sécurité alimentaire est une question profondément politique qui demande des solutions politiques, plutôt qu'une question humanitaire qui a besoin de solutions techniques comme nous le pensions auparavant.

—Carlos Pérez del Castillo, Président, Conseil du Consortium du CGIAR, Montpellier, France

L'importance d'une approche intégrée de la sécurité alimentaire, mise en exergue par l'IFPRI, joue un rôle fondamental dans le monde d'aujourd'hui. Les événements de l'année 2011 et la famine dans la Corne de l'Afrique ont renforcé le rôle des programmes de filet sociaux de sécurité offrant un vaste ensemble de soutien aux plus vulnérables, que ce soit des produits nutritionnels spécialisés destinés à protéger la croissance physique et mentale des jeunes enfants ou encore des investissements dans la gestion durable des terres visant à accroître la résilience les communautés face à la sècheresse.

—Josette Sheeran, Directeur exécutif, Programme alimentaire mondial, Rome

Au Canada, l'événement le plus important en politique alimentaire a été influencé par l'idéologie plutôt que par les changements politiques au niveau des marchés ou des ressources. Le gouvernement a décidé d'abolir la Commission canadienne du blé qui pendant des décennies détenait le monopole du blé dans l'Ouest canadien. Ce changement va ouvrir de nouvelles opportunités commerciales pour les producteurs de blé internationaux. Sur les questions de l'eau, des signes intéressants semblent indiquer que le gouvernement indien est à la recherche d'un espace politique et financier afin d'assumer un rôle plus important. Il souhaite, par exemple, inclure d'importants investissements dans les systèmes d'irrigation dans son prochain plan quinquennal.

—Margaret Catley-Carlson, Présidente, Fonds fiduciaire pour la diversité des cultures, Rome, et Bienfaitrice, Partenariat mondial de l'eau, Stockholm

Dans son rapport de 2011 consacré aux catastrophes naturelles dans le monde, la FICR a abordé un des problèmes les plus persistants et les plus importants auquel est confronté le monde d'aujourd'hui : la faim. En tant qu'Éthiopien, j'ai été témoin de la famine dans mon pays et je sais ce que cela signifie de mourir de faim. Dans le monde, environ 925 millions de personnes n'ont pas suffisamment de nourriture pour s'alimenter, et au rythme de la croissance démographique d'ici 2050, l'approvisionnement mondial en denrées alimentaires fera l'objet de tensions encore plus grandes. Les gouvernements doivent respecter le droit à l'alimentation et mettre en place dès aujourd'hui de vastes programmes de prévention contre la faim centrés sur les communautés ainsi qu'augmenter de façon équitable et durable les investissements liés à la sécurité alimentaire.

—Bekele Geleta, Secrétaire général, Fédération internationale des sociétés de la Croix-Rouge et du Croissant-Rouge, Genève

Le G20 a porté son attention sur la sécurité alimentaire et la volatilité du prix et a conclu des initiatives de recherches internationales pour sécuriser un niveau de production adéquat. L'initiative du blé a été mise en place pour encourager les systèmes de blé qui sont hautement productifs et adaptés aux changements climatiques. Le projet GEO-GLAM a pour but de surveiller les superficies cultivées afin de prédire les récoltes, étant donné qu'une meilleure anticipation des récoltes permet d'éviter la formation de "bulles" dans les marchés agricoles. En 2011, les décisions du G20 ont représenté un grand pas en avant dans la coordination des efforts vers l'amélioration de la Sécurité alimentaire mondiale.

—Marion Guillou, Présidente Directrice Générale, Institut national de la recherche agronomique, Paris

PRIX ALIMENTAIRES

Les montagnes russes

Maximo Torero, IFPRI

LE MONDE DOIT SE PRÉPARER À UNE NOUVELLE économie alimentaire qui devrait se caractériser par des prix alimentaires à la fois plus élevés et plus volatils, deux phénomènes qui ont pu être constatés concrètement en 2011. Après la crise des prix alimentaires de 2007-08, les prix ont de nouveau commencé à augmenter en juin 2010, le cours international du maïs et du blé ayant même presque doublé d'ici mai 2011. Selon l'indice des prix alimentaires de l'Organisation des Nations Unies pour l'alimentation et l'agriculture, c'est en février 2011 que les prix ont atteint leur sommet après une flambée plus intense encore que celle de 2008. Toutefois, une fois les prix des denrées concernées ajustés en fonction de l'inflation, la flambée de 2011 n'atteint pas les niveaux de 2008 (Figure 1).

Bien que les flambées des prix alimentaires de 2008 et 2011 n'aient pas atteint les sommets des années 1970, la volatilité des prix, c'est-à-dire l'amplitude de la fluctuation des prix sur une période donnée, a atteint un niveau plus élevé qu'à n'importe quel moment au cours des 50 dernières années. Cette volatilité a particulièrement affecté le cours du blé et du maïs. Par exemple, le cours du blé de force a connu en moyenne par an 27 jours de volatilité excessive entre janvier 2001 et décembre 2006 (selon une mesure de volatilité des prix récemment développée par l'IFPRI[1]). Cependant, entre janvier 2007 et décembre 2011, le nombre moyen de jours de volatilité excessive a presque doublé, pour atteindre 76 par an (Figure 2).[2]

La cherté et la volatilité des prix constituent deux phénomènes distincts dont les implications pour les consommateurs et les producteurs sont également distinctes. Les prix alimentaires élevés sont susceptibles de porter préjudice aux consommateurs les plus pauvres, qui doivent consacrer une plus grande partie de leurs dépenses à leurs

FIGURE 1 Prix ajustés pour l'inflation des produits agricoles de base et du pétrole, 1990–2011

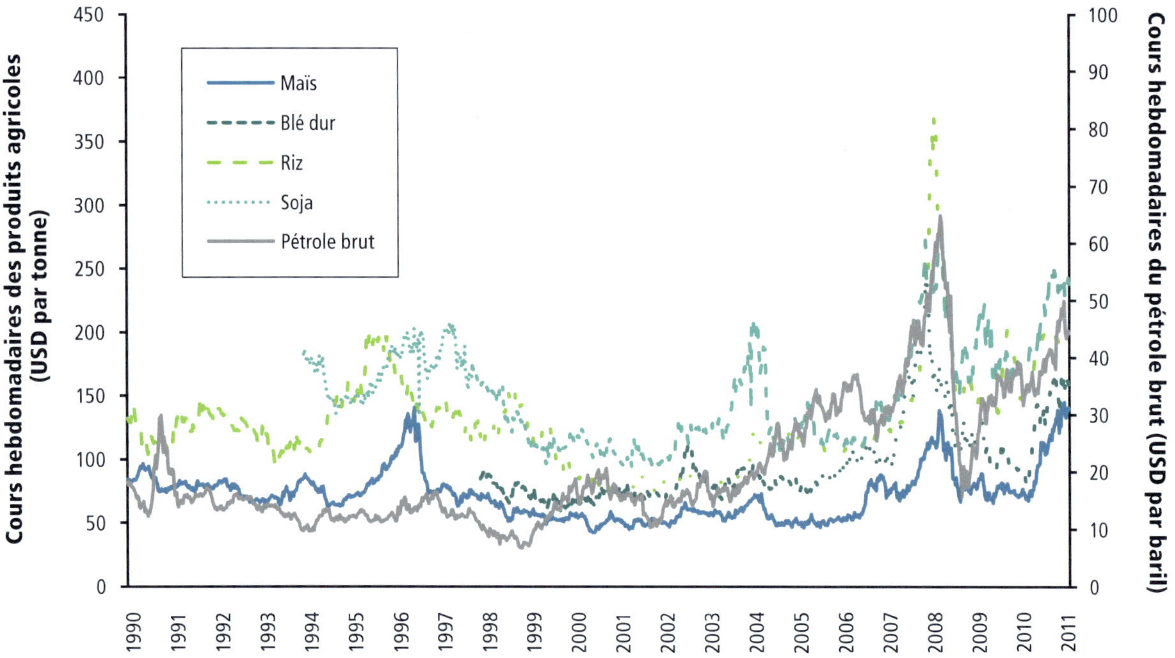

Source: Organisation des Nations Unies pour l'alimentation et l'agriculture, banque de données FAOSTAT, http://faostat.fao.org/; Conseil international des céréales, *Statistiques mondiales sur les céréales 2009* (Londres, 2009); US Energy Information Administration, World Crude Oil Prices (données en ligne sur les cours internationaux du pétrole brut) (Washington, DC, 2011), www.eia.gov. **Note:** Les prix sont ajustés pour l'inflation en utilisant un indice des prix aux consommateurs avec pour années de base 1982–84 (1982–84 = 100). Maïs désigne le US No. 2 Yellow, blé désigne le US No. 2 Hard Red Winter, riz désigne le White Thai A1 Super, soja désigne le US No. 1 Yellow, et pétrole brut désigne le prix spot du West Texas Intermediate à Cushing, Oklahoma.

achats alimentaires et risquent donc de devoir acheter des aliments de moindre qualité ou en moindre quantité ou encore compenser en économisant sur d'autres biens et services. En revanche, les prix élevés peuvent avoir pour effet d'augmenter les revenus des producteurs, seulement s'ils sont des vendeurs nets de denrées alimentaires, si l'augmentation des prix mondiaux se répercute également sur le marché local et si l'évolution des prix sur les marchés mondiaux n'entraîne pas simultanément une hausse des coûts de production. Pour de nombreux producteurs, en particulier les petits exploitants agricoles, certaines de ces conditions n'étaient pas remplies au cours de la crise des prix alimentaires de 2011.

En dehors des conséquences des prix alimentaires élevés, la volatilité des prix a elle aussi des répercussions sur les producteurs alimentaires et les consommateurs. Une plus grande volatilité des prix risque potentiellement d'entraîner de plus grandes pertes pour les producteurs car elle implique des changements de prix trop importants et trop rapides pour que les producteurs puissent s'y ajuster. En ce qui concerne les agriculteurs, l'incertitude vis-à-vis des prix se traduit par une plus grande difficulté à prendre des décisions judicieuses quant à leurs cultures et à la manière de les produire. Par exemple, quelles cultures devraient-ils produire ? Doivent-ils investir dans des engrais et des pesticides coûteux ? Doivent-ils acheter des semences de haute qualité ? S'ils n'ont pas d'idée précise de ce que la vente de leurs produits leur rapportera, les agriculteurs ont tendance à adopter une attitude plus pessimiste dans leur planification à long terme et limiter leurs investissements dans les domaines susceptibles d'améliorer leur productivité. (Il est possible de modéliser la relation positive entre la volatilité des prix et les pertes escomptées par les producteurs grâce à un simple modèle d'optimisation des profits qui suppose que les producteurs sont preneurs de prix. Toutefois, il est important de préciser qu'il n'existe aucune preuve empirique d'une réponse comportementale uniforme des producteurs face à la volatilité). En réduisant l'approvisionnement, une telle réponse pourrait entraîner une augmentation des prix qui, à son tour, porterait atteinte aux consommateurs.

Il est important de garder à l'esprit que, dans les zones rurales, la ligne de séparation entre consommateurs et producteurs alimentaires est imprécise ; de nombreux ménages sont à la fois producteurs et consommateurs de denrées agricoles. Par conséquent, si les prix deviennent plus volatils et

FIGURE 2 Variabilité excessive des prix alimentaires du blé dur

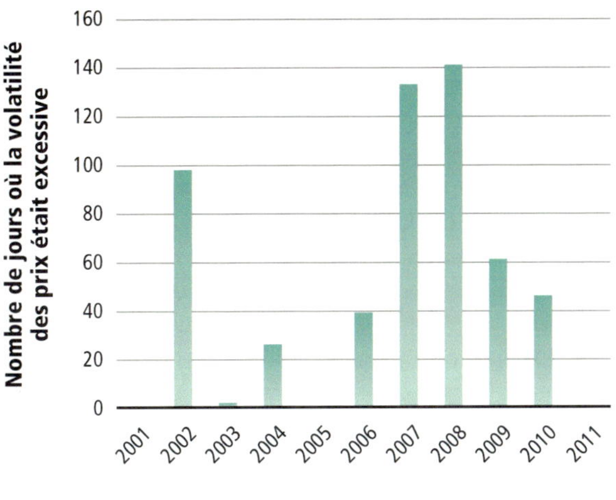

Source: C. Martins-Filho, F. Yao, et M. Torero, "High Order Conditional Quantile Estimation Based on Nonparametric Models of Regression," www.foodsecurityportal.org/sites/default/files/martins-filho_torero_yao_2011_0.pdf. Consulté le 3 avril 2012.

que ces ménages réduisent leurs dépenses consacrées aux semences, aux engrais et aux autres intrants, cette situation pourra avoir une influence sur la quantité de nourriture disponible pour leur consommation personnelle. Et même si le ménage est un vendeur net de denrées alimentaires, s'il produit moins et vend en moindre quantité, son revenu s'en trouvera réduit quoi qu'il en soit, ce qui affectera quand même ses décisions en matière de consommation.

Enfin, une intensification de la volatilité des prix au fil du temps peut également se traduire par des profits plus élevés pour les investisseurs et donc attirer de nouveaux acteurs sur le marché des produits agricoles de base. Une plus forte volatilité des prix pourra donc entraîner une augmentation des échanges commerciaux – et, potentiellement, de la spéculation – qui à son tour exacerbera encore les fluctuations des prix.

FACTEURS À L'ORIGINE DE LA RÉCENTE VOLATILITÉ DES PRIX ALIMENTAIRES

Parmi les principaux facteurs qui induisent le phénomène de volatilité des prix, l'on peut citer la production accrue de biocarburants, les effets à moyen et long terme du changement climatique et l'intensification des échanges commerciaux sur les marchés futurs des produits de base. Enfin, la limitation des exportations imposée à d'importants pays producteurs de denrées alimentaires a également contribué à l'augmentation des prix et l'instabilité des marchés en 2010 et 2011.

Politiques relatives aux biocarburants. Comme le cours du pétrole a atteint un niveau particulièrement élevé en 2011 et que l'Union européenne comme les États-Unis ont subventionné leur production de biocarburants pour laquelle ils ont défini des obligations d'incorporation, les agriculteurs ont réorienté leur production en faveur de cultures destinées aux biocarburants, telles que le maïs, le sucre et les oléagineux. Une grande partie de ces cultures est également utilisée pour nourrir les hommes ou les animaux (Figure 3). Afin de respecter les obligations, les agriculteurs ont accéléré la production des cultures destinées aux biocarburants, faisant ainsi progresser la demande en terres, en eau et en nutriments, et donc les coûts de production des autres cultures vivrières. De surcroît, la production de cultures destinées aux biocarburants renforce les liens entre les marchés de l'énergie et des denrées alimentaires, tous hautement volatils, et accentue en conséquence la volatilité des prix alimentaires. Et comme un plus grand nombre de pays, tels que l'Inde et le Pérou, décrètent eux aussi des obligations d'incorporation des biocarburants, la volatilité des prix alimentaires risque de s'intensifier davantage. Toutefois, une solution alternative pourrait prendre la forme d'obligations d'incorporation flexibles qui ne contribuent pas à la volatilité des prix, ce qui pourrait potentiellement réduire les impacts négatifs des politiques relatives aux biocarburants.[3]

Conditions climatiques extrêmes et changement climatique. Les événements climatiques extrêmes ont contribué à l'accentuation de la volatilité des prix alimentaires et des prix de l'énergie en 2007–08 et en 2010–11[4]. Selon les prédictions des scénarios climatiques, on peut s'attendre à l'avenir à une augmentation du nombre d'événements climatiques variables.[5] Des catastrophes naturelles à la fois plus fréquentes et plus intenses (telles que les sécheresses et les inondations), engendrées par le changement

FIGURE 3 Part de la production de maïs des États-Unis utilisée pour la production d'éthanol, 1995–2010

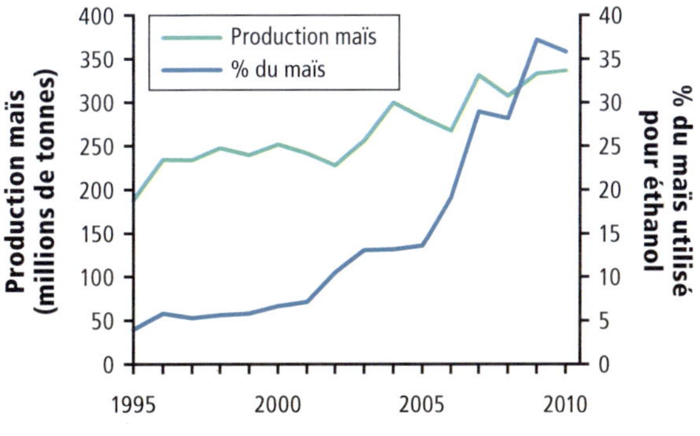

Source: Earth Policy Institute, Data Center: Climate, Energy, and Transportation (2011), www.earth-policy.org/data_center/C23.

climatique, pourraient entraîner un fort déclin des rendements et, par conséquent, la hausse et la volatilité des prix. En effet, les simulations de l'IFPRI indiquent que le changement climatique fait augmenter les prix, indifféremment du taux de croissance de la population (et donc de la demande alimentaire). Contrairement au XXe siècle, lorsque les prix des céréales de base, corrigés en fonction de l'inflation, avaient décliné, la première moitié du XXIe siècle devrait plutôt voir ces prix augmenter.[6]

Marchés à terme de produits de base. La forte croissance du volume de contrats à terme sur les produits de base agricoles à la Chambre de Commerce de Chicago, l'une des principales bourses d'échange de contrats à terme, constitue l'un des signes de la plus grande volatilité des prix. (Les contrats à terme entre un acheteur et un vendeur spécifient un prix actuel pour une marchandise donnée qui sera fournie à une date ultérieure prédéterminée. Ces contrats peuvent être vendus par des investisseurs qui ne possèdent pas physiquement la marchandise concernée ou qui n'envisagent pas de la fournir eux-mêmes). Entre 2005 et 2006, le volume mensuel moyen des contrats à terme sur le maïs et le blé a augmenté de plus de 60 %. En 2007, les volumes échangés ont de nouveau connu une hausse sensible concernant le blé, le maïs, le riz et le soja. En fait, le volume mensuel moyen des échanges de contrats à terme sur le soja était de 40 % supérieur à celui de 2006 (Figure 4). Les contrats à terme sur tous les produits de base ont poursuivi leur essor en 2010-11. Entre mars 2006 et décembre 2011, le volume des échanges de fonds indiciels de produits de base a augmenté (en termes du nombre de transactions de 5 000 boisseaux) de 157 %, de 200 % et de 169 % respectivement pour le maïs, le soja et le blé tendre à la Chambre de Commerce de Chicago, et de 124 % pour le blé dur à la Chambre du Commerce de Kansas City. Les investisseurs ont multiplié leurs échanges de contrats à terme de produits de base, toutefois seulement 2 % de ces contrats ont réellement abouti à la livraison physique des produits. Par exemple, concernant le maïs, le volume des contrats à termes échangés à travers le monde est plus de trois fois supérieur à la production mondiale de maïs.

Il a été observé que l'évolution des prix des contrats à terme entraîne l'évolution des prix quotidiens ou prix « au comptant ». Ce schéma de hausse des échanges de contrats à terme de produits de base et de hausse des prix de ces contrats peut provoquer un cycle vicieux qui exacerbe, au point de la rendre excessive, la volatilité des prix au comptant des produits alimentaires de base.[7]

Autres facteurs. Les marchés agricoles d'aujourd'hui présentent trois caractéristiques qui rendent encore plus extrêmes les réactions des prix face à ces défis. Premièrement, les marchés d'exportation des principales denrées alimentaires de base (riz, maïs, blé et soja) sont soit fortement concentrés dans un petit nombre de pays, soit très étroits (c'est-à-dire, seule une petite partie de la production est échangée) (Figure 5). Étant donné ces forts taux de concentration, la capacité du monde à résister aux chocs est limitée. Tout événement climatique défavorable ou tout autre choc de production survenant dans les pays concernés aura une influence immédiate sur les prix mondiaux et leur volatilité. Semblablement, toute évolution politique chez l'un des principaux exportateurs, qu'elle concerne les interdictions commerciales, les taxes douanières ou toute autre restriction à l'exportation, affectera de manière significative le niveau et la volatilité des prix alimentaires (voir Figure 6). Selon les recherches, de telles politiques pourraient expliquer près de 40 % de l'augmentation des prix du riz sur le marché mondial au cours de la crise des prix alimentaires de 2007-08.[8]

FIGURE 4 Volume mensuel du marché des contrats à terme, 2002–11

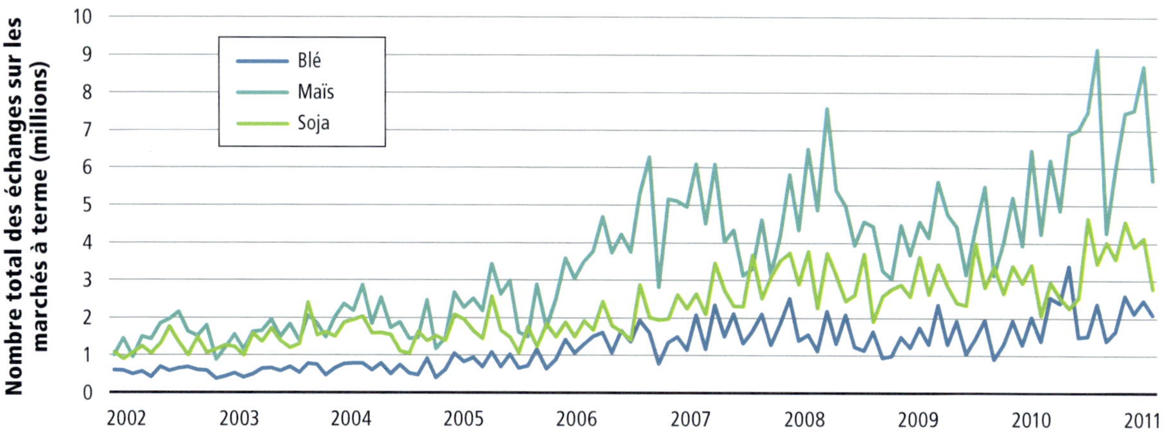

Source: Chicago Board of Trade.

FIGURE 5 **Parts des principaux exportateurs dans les exportations mondiales de maïs, de blé et de riz, 2008**

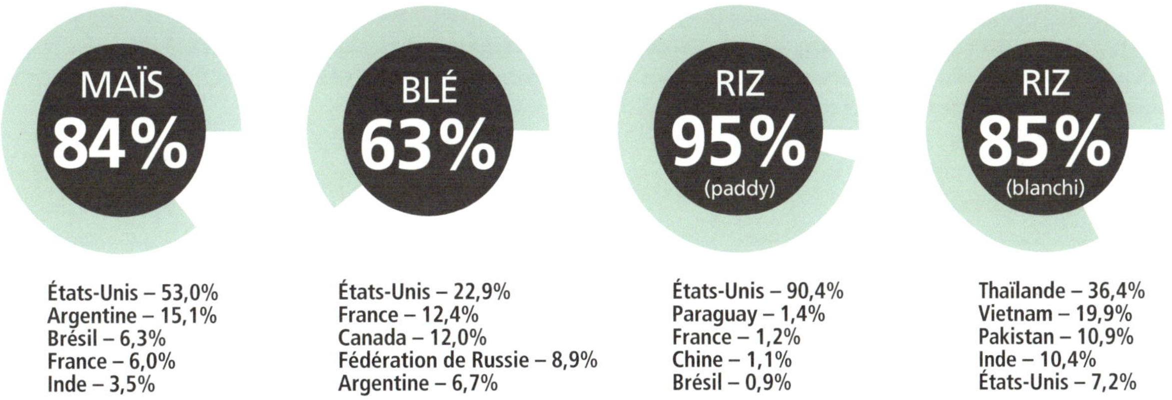

Source: Organisation des Nations Unies pour l'alimentation et l'agriculture, banque de données FAOSTAT, http://faostat.fao.org/. **Note:** Le Rita 10 est principalement exporté par les États-Unis, et le riz blanchi par les autres pays.

Deuxièmement, les stocks de céréales dans le monde se trouvent aujourd'hui à un niveau historiquement bas (Figure 7). Cette situation rend la planète vulnérable aux hausses subites des prix alimentaires et menace le bon fonctionnement des marchés. Les stocks mondiaux de céréales, mesurés selon le rapport entre les stocks et l'utilisation des céréales, se trouvaient à un niveau semblablement bas lorsque le cours du blé a bondi dans les années 1970, en 1995-96, en 2007-08 et en 2010-11. Ceci suggère que, pour un bon fonctionnement du marché, le système alimentaire doit avoir un minimum de stocks de céréales en réserve afin de pouvoir réagir aux chocs imprévus (tels que le mauvais temps) et permettre le transport, la commercialisation et la transformation des céréales.[9] Lorsque les niveaux sont bas, comme c'est le cas actuellement, une légère baisse des stocks de céréales peut parfois suffire à entraîner

FIGURE 6 **Effets des réactions en termes de politiques commerciales pour des pays choisis sur les cours mondiaux du blé**

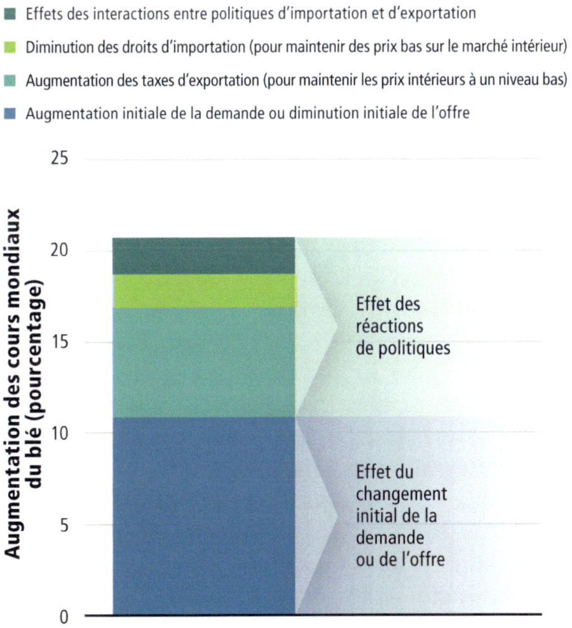

Source: A. Bouet et D. Laborde, *Economics of Export Taxation in a Context of Food Crisis: A Theoretical and CGE Approach Contribution,* IFPRI Discussion Paper 994 (Washington, DC: Institut international de recherche sur les politiques alimentaires, 2010).

FIGURE 7 **Ratio stocks/utilisation des céréales, 1996/97–2011/12**

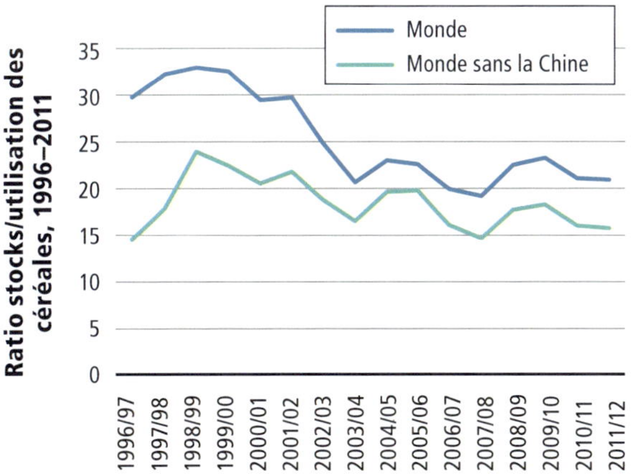

Source: Organisation des Nations Unies pour l'alimentation et l'agriculture, *Perspectives de l'alimentation* (Rome, différentes années). **Note:** Le monde sans la Chine est montré ici parce que la Chine se singularise en termes de réserves et parce que la qualité de ses rapports est mise en question.

des problèmes. En 2007-08, les stocks de céréales étaient inférieurs de quelque 60 millions de tonnes à ceux de 2004-05, représentant un déclin de 2,7 % de la production mondiale. Toutefois, lorsque les prix se sont enflammés en 2007-08, cette différence de niveau des stocks s'est avérée suffisante pour stimuler l'envolée des prix, en particulier ceux des produits de base dont la production était concentrée dans une poignée de pays seulement, à l'instar du riz.[10]

Troisièmement, des informations fiables, communiquées en temps opportun, sur la production alimentaire, les niveaux des stocks et les prévisions des prix font cruellement défaut. Lorsque ces lacunes informationnelles entraînent des réactions excessives de la part des responsables politiques, il peut en résulter une envolée des prix.

ACTIONS ET PROPOSITIONS

Dans le sillage des deux récentes crises alimentaires, certaines mesures ont été prises et plusieurs propositions ont été avancées en vue d'empêcher que de tels événements se reproduisent. Celles-ci peuvent être regroupées en fonction des objectifs qu'elles cherchent à atteindre : (1) meilleures informations et développement de la recherche ; (2) facilitation du commerce des produits agricoles de base ; (3) plus grandes réserves alimentaires et meilleure gestion des stocks de céréales ; (4) utilisation plus active des instruments financiers afin d'influencer les marchés des produits de base agricoles ; et (5) réglementation plus stricte de ces marchés. Les chercheurs et les responsables débattent actuellement des mérites, de la faisabilité et de l'éventuelle efficacité de plusieurs aspects de ces propositions.

Meilleures informations et développement de la recherche. Reconnaissant le besoin d'informations de meilleure qualité, le Groupe des 20 (G20) a convenu, en juin 2011, de lancer le Système d'informations sur les marchés agricoles (AMIS, Agricultural Market Information System). Le système AMIS a été conçu pour encourager les principaux acteurs des marchés agro-alimentaires mondiaux à intensifier leur coopération et partager leurs données et leurs informations. S'il est efficacement relié aux systèmes d'alerte rapide aux niveaux mondial et national, il pourrait fortement améliorer les capacités des pays à prendre des décisions judicieuses en matière de sécurité alimentaire et contribuer à freiner la volatilité des prix. Pour que l'AMIS soit efficace, les pays et les régions doivent développer des systèmes de suivi de la sécurité alimentaire et de collecte de données, transparents et ouverts au public, afin de pouvoir communiquer des informations fiables sur les bilans de production et les réserves. De plus, le système exige l'entière participation des entreprises agro-alimentaires privées, qui détiennent la majorité des stocks de céréales dans le monde. À l'heure actuelle, ce n'est que sur la base du volontariat que les sociétés privées sont priées de participer à AMIS, alors même que sans leur participation, les informations seront incomplètes et l'impact du système demeurera limité.

Deux autres propositions ont été mises en avant en vue d'améliorer la qualité des informations et de la coordination de manière à renforcer la confiance des marchés et atténuer les perturbations temporaires du côté de l'offre. La première, émise par Brian Wright et Alex Evans, appelle à la création d'une agence alimentaire internationale,[11] sur le modèle de l'Agence internationale de l'énergie. Cette agence alimentaire ferait état du niveau des stocks et développerait des protocoles de réaction mondiale face aux pénuries afin d'éviter toute panique sur les marchés. Cette proposition a toutefois suscité deux principales critiques. Premièrement, la production d'informations de meilleure qualité concernant les stocks impliquerait des efforts considérables, coordonnés au niveau international et donc, des coûts. Actuellement, les informations sont insuffisantes non seulement relativement aux stocks détenus par les principaux pays producteurs tels que la Chine et l'Inde, mais aussi par les entreprises privées, qui les considèrent comme des secrets commerciaux. Deuxièmement, compte tenu de cette asymétrie informationnelle, il semble difficile de prévoir comment l'agence en question pourrait identifier le seuil de stocks à partir duquel une collaboration internationale serait nécessaire ou comment les pays s'accorderaient sur une intervention d'urgence.

La seconde proposition, émise par Carlos Martins-Filho, Maximo Torero et Feng Yao, concerne un mécanisme d'alerte rapide permettant d'identifier, sur une base quotidienne, toute volatilité anormale de prix élevés dans les contrats à terme de produits alimentaires de base.[12] Ces informations pourraient contribuer à réduire toute asymétrie informationnelle potentielle entre les acheteurs et les vendeurs et, par là même, aider à atténuer la volatilité des prix. Ce modèle comporte toutefois un obstacle principal : à ce jour, il fonctionne uniquement pour les produits de base échangés sur les marchés à terme, toutefois il pourrait être étendu aux marchés au comptant si de meilleures informations étaient disponibles concernant les prix.

Facilitation du commerce des produits agricoles de base. Au cours des crises des prix alimentaires de 2007-08 et 2010-11, la réaction de nombreux pays, ayant cherché à réduire leurs exportations ou stimuler leurs importations, n'a fait qu'accentuer l'essor de prix. En conséquence, certaines propositions envisagent de faciliter les échanges commerciaux afin de réduire les risques d'échange de céréales lorsque les stocks sont bas et d'éviter les

ENCADRÉ 1

Les restrictions commerciales accentuent les flambées des prix alimentaires

Kym Anderson, Université d'Adelaïde

En 2011, les interdictions d'exporter ont continué de porter atteinte aux pauvres. Les États imposent souvent de nouvelles restrictions à l'importation pendant les périodes d'instabilité afin d'apaiser les préoccupations nationales immédiates, telles le chômage. Cependant, au cours des récentes crises financières et alimentaires mondiales, certains pays ont multiplié les restrictions à l'exportation.[1] De telles actions gouvernementales ont pour but de rendre les exportations de denrées alimentaires à la fois plus difficiles et plus coûteuses et donc de protéger les consommateurs nationaux des conséquences d'une envolée des prix alimentaires internationaux. En 2011, des pays comme la Tanzanie, l'Éthiopie ou la Russie ont adopté une telle approche et ont interdit les exportations de céréales – toutes ayant été levées avant la fin de l'année. Toutefois, ce type de réaction exacerbe la flambée des prix (en limitant l'offre sur les marchés internationaux) et affecte le transfert international d'assistance associé à cette flambée, en termes d'échanges commerciaux (qui définit la quantité qu'un pays doit exporter en échange d'un volume d'importations donné).[2]

Il est bien moins souvent pris en considération que les gouvernements des pays importateurs de denrées alimentaires se soucient tout autant de leurs consommateurs. Ainsi, nombre de ces pays ont allégé les restrictions qu'ils imposaient aux importations de denrées alimentaires et certains ont même pris des mesures pour subventionner de telles importations. Ces réactions ont elles aussi exacerbé la flambée des prix alimentaires, ce qui signifie qu'elles ont entravé les tentatives initiales des pays exportateurs à protéger leurs propres consommateurs.

De nouvelles données concernant la mesure de l'évolution des prix nationaux par rapport aux prix internationaux dans les pays exportateurs et importateurs de denrées alimentaires mettent en lumière les points suivants :

- historiquement, seule la moitié environ de la fluctuation des prix alimentaires internationaux est transmise aux marchés nationaux au cours de la première année ;
- les pays importateurs et les pays exportateurs de céréales réagissent aux flambées des prix alimentaires avec la même rapidité pour imposer des restrictions commerciales d'ampleur semblable ;
- la modification des restrictions imposées au commerce mondial des céréales entre 2006 et 2008 est à l'origine, respectivement, de deux cinquièmes, du cinquième et du dixième de l'augmentation estimée du cours international du riz, du maïs et du blé ;
- les prix nationaux du blé auraient connu une augmentation inférieure dans l'ensemble des pays si les restrictions commerciales n'avaient pas été modifiées ;
- la modification des restrictions commerciales a provoqué une augmentation des prix inférieure d'un quart à un tiers seulement par rapport au niveau qu'elle aurait atteint sans modification, aussi bien dans les pays à revenu élevé que dans les pays en développement.

Nous pouvons donc tirer la conclusion politique suivante : dans notre monde en voie de globalisation, les tentatives visant à protéger les consommateurs de l'envolée des prix alimentaires mondiaux semblent avant tout futiles. Ces actions portent préjudice aux pays importateurs de denrées alimentaires car elles gonflent le prix de leurs importations. Il semble clair que l'Organisation mondiale du commerce devrait imposer une plus grande discipline en matière d'importations et d'exportations afin de limiter les dommages que peuvent provoquer de telles réactions protectionnistes de la part des gouvernements sur le marché mondial lorsque les prix flambent.

perturbations sur les marchés mondiaux des céréales. Une proposition appelle à la création d'un mécanisme de financement des importations alimentaires qui aiderait les pays pauvres à importer des denrées alimentaires lorsque les prix sont élevés, de même qu'à des modalités internationales concernant un centre d'échange des céréales qui permettrait de garantir la disponibilité des denrées alimentaires de base à l'exportation.[13] Ce centre garantirait les contrats d'approvisionnement en céréales, réduisant ainsi le risque de voir les exportateurs manquer à leurs obligations contractuelles lorsque les réserves sont basses. Enfin, d'autres observateurs adoptent une approche différente et proposent d'empêcher les interdictions d'exporter afin d'éviter toute perturbation dans les chaînes d'approvisionnement.[14]

De plus grandes réserves alimentaires et une meilleure gestion des stocks de céréales. Des propositions ont été avancées concernant la création de réserves physiques, dont des réserves d'urgence,[15] des réserves de céréales coordonnées au niveau international,[16] des réserves régionales et nationales.

Une réserve d'urgence consiste en un stock modeste de 300 000 à 500 000 tonnes métriques de céréales de base (environ 5 % des flux actuels mondiaux d'aide alimentaire) qui serait fourni par les principaux pays producteurs de céréales et financé par plus d'une dizaine de pays. Cette réserve, destinée exclusivement aux interventions d'urgence et à l'assistance humanitaire, pourrait être gérée par le Programme alimentaire mondial. En 2011, en réponse à cette proposition, le G20 a offert d'étudier la possibilité d'établir une réserve mondiale d'urgence humanitaire par le biais d'un programme pilote mené en Afrique de l'Ouest sous la direction de la Communauté économique des États de l'Afrique de l'Ouest avec l'appui du Programme alimentaire mondial.

Les réserves mondiales ou nationales devront s'accompagner d'un mécanisme de déclenchement pour déterminer à quel moment libérer les stocks afin de calmer les marchés en période de tensions ; il est primordial que ce mécanisme soit transparent. Une solution serait de mettre en place le système d'alerte rapide décrit précédemment, visant à parer la volatilité des prix.

Enfin, une réserve physique, qu'elle soit régionale ou mondiale, ne suffira pas à résoudre le problème des liaisons entre les marchés financiers, énergétiques et des produits alimentaires de base. Il s'agit là d'un problème clé qui pourrait être d'une importance capitale s'il s'avère qu'une spéculation excessive constitue bien l'une des causes des envolées vertigineuses des prix.

Utilisation plus active des instruments financiers. Deux propositions majeures concernent l'utilisation d'instruments financiers : (1) des réserves virtuelles[17] et (2) une boîte à outils de gestion des risques relatifs aux marchés.

Une réserve virtuelle impliquerait d'intervenir sur les marchés à terme en se basant sur les données relatives à la volatilité des prix recueillies par le mécanisme d'alerte rapide décrit plus haut ou, dans les situations extrêmes, sur la décision d'un comité technique. Cette intervention consisterait à exécuter un certain nombre de ventes à découvert progressives (c'est-à-dire de vendre sur une promesse ferme de livrer la marchandise concernée à une date ultérieure, au prix mentionné) jusqu'à ce que les prix à court terme et les prix au comptant redescendent à un niveau défini comme acceptable. Cette augmentation des ventes à découvert permettrait d'infléchir les prix au comptant et devrait également réduire la volatilité extrême des prix en réduisant la probabilité de rendements anormaux. Dans la plupart des cas, les contrats à terme seraient réglés par le biais d'achats ou de ventes compensatoires. En d'autres termes, l'opération serait entièrement virtuelle, sauf dans quelques rares cas de figure où il serait nécessaire d'obtenir physiquement la quantité de céréales concernée afin de remplir les exigences de livraison des contrats à terme. Une réserve virtuelle présente plusieurs avantages par rapport à une réserve physique : il s'agit uniquement d'un mécanisme de signalement ; elle n'exerce pas de pressions supplémentaires sur les marchés des produits de base ; elle ne s'accompagne pas de coûts élevés de stockage et d'opportunité contrairement aux réserves physiques ; elle résout le problème des liens réciproques entre les marchés financiers et les marchés des produits de base ; et comme il ne s'agit que d'un signal, son impact sur les marchés devrait être minimal.

Quant à la boîte à outils, proposée à l'occasion de la réunion de 2011 des ministres de l'agriculture du G20, elle comprendrait divers mécanismes tels que des couvertures des prix des marchandises physiques ou financières, des assurances et des instruments de garantie, de même que des prêts anticycliques qui pourraient aider les pays vulnérables à atténuer les risques liés à une volatilité excessive des prix alimentaires. Deux initiatives sont en cours de réalisation. La première, dirigée par la Société financière internationale, repose sur un nouvel outil de gestion des risques liés aux prix agricoles, qui permettra aux producteurs et aux consommateurs de se prémunir des risques des prix à la hausse ou à la baisse. Cet outil est en cours de pilotage. La seconde initiative est une proposition de la Banque mondiale visant à faciliter l'accès des gouvernements aux marchés de gestion des risques. Elle implique de contribuer à structurer et exécuter les couvertures des risques liés aux marchandises physiques et financières et de renforcer les capacités juridiques, réglementaires et techniques associées à l'usage de ces outils. Ces deux initiatives devront faire l'objet d'une évaluation pour en vérifier l'efficacité, la viabilité et la soutenabilité.

Réglementation plus stricte. Depuis la fin 2005, plusieurs problèmes perturbent les marchés à terme et les marchés au comptant du maïs, du soja et du blé. Le problème principal provient du manque de convergence entre les prix au comptant et les prix à terme. Afin de résoudre ce problème, la Commodity Futures Trading (l'organe de contrôle et de régulation des marchés financiers américains), plusieurs agences gouvernementales américaines et la Commission européenne, de même que l'industrie des marchés à terme, ont pris des mesures pour établir des tarifs d'entreposage saisonnier, imposer des limites sur le nombre de certificats de livraison qu'une entité peut détenir à des fins non commerciales et publier un numéro supplémentaire du rapport sur l'engagement des opérateurs intitulé « *Commitments of Traders* » en vue d'une plus grande transparence. Par exemple, en octobre 2011, la Commodity Futures Trading Commission a approuvé un plafonnement de la spéculation sur les denrées alimentaires, l'énergie et les métaux, limitant la taille des positions à 25 % des marchandises livrables. Si les changements structurels apportés ne permettent pas de favoriser sensiblement la convergence des prix à terme et des prix au comptant, il faudra alors sérieusement envisager le recours à des contrats réglés en espèces.

CONCLUSIONS

Les crises alimentaires mondiales de 2007-08 et 2010-11 ont accentué les difficultés économiques des plus pauvres, contribué aux troubles politiques dans de nombreux pays et pourraient, à long terme, miner la confiance dans les marchés alimentaires mondiaux, ce qui entraverait leur capacité à équilibrer efficacement les évolutions fondamentales de l'offre, de la demande et des coûts de production. Plus important encore, les crises des prix alimentaires peuvent entraîner des fluctuations de prix excessives ou non désirées qui peuvent porter préjudice aux pauvres, en particulier en compromettant leur sécurité nutritionnelle. L'une des conséquences de ce phénomène est le dommage nutritionnel à long terme, voire irréversible, surtout chez les enfants. Par conséquent, les récents événements sur les marchés alimentaires mettent en lumière le besoin de réformer l'architecture des marchés financiers et agricoles internationaux afin de résoudre le problème de la flambée des prix et protéger les moins nantis et les plus vulnérables.

Diverses actions politiques ont été menées en réponse aux crises des prix alimentaires. De nombreux pays ont tenté de construire des réserves nationales onéreuses tandis que d'autres ont porté leurs efforts sur le renforcement de l'autosuffisance. D'autres pays encore, ayant perdu confiance en la fiabilité du commerce alimentaire sur les marchés mondiaux, ont acquis des terres agricoles à l'étranger pour garantir leur sécurité alimentaire nationale. De surcroît, certains pays appellent à une réglementation plus stricte des échanges de produits de base ; toutefois, on peut se demander si cela permettrait d'empêcher les envolées excessives des prix ou, au contraire, fausserait encore plus les marchés. Toutes ces actions politiques risquent de rendre encore plus difficile la soumission des marchés alimentaires et agricoles à un mécanisme efficace. Cependant, il semble que la création de réserves coordonnées au niveau régional, comme l'a récemment envisagé l'Association des nations d'Asie du Sud-est, apparaisse comme une solution plus prometteuse. Quoi qu'il en soit, les institutions internationales devront trouver des réponses à ce problème mondial.

Trois messages se détachent clairement de notre analyse. Premièrement, il faut résoudre les problèmes structurels qui entravent le secteur agricole, c'est-à-dire la concentration des exportations mondiales des céréales de base parmi quelques pays exportateurs seulement, le faible niveau des stocks mondiaux de céréales et le manque d'informations pertinentes. Deuxièmement, il est crucial d'évaluer les impacts des politiques destinées à promouvoir les biocarburants et les investissements sur les marchés dérivés, tels que les contrats à terme sur les produits de base, de même que les actions limitées entreprises face aux risques du changement climatique, comme l'assurance-climat. Enfin, nous devrons suivre avec attention plusieurs actions entreprises actuellement pour réduire la fréquence des flambées des prix et de la volatilité des prix dans le but d'évaluer dans quelle mesure elles représentent une solution rentable face aux nouvelles évolutions des marchés alimentaires mondiaux. ■

ENCADRÉ 2

Repenser le rôle des réserves alimentaires

Peter Timmer, Professeur émérite, Université d'Harvard

En 2011, le monde a pu une fois encore constater que les larges réserves alimentaires atténuent la volatilité des prix alimentaires, les importants stocks de riz en Inde ayant empêché que le cours du riz céréale suive le même chemin que le cours du blé et du maïs, qui ont atteint un niveau record. Bien qu'il soit coûteux de les maintenir, les grandes réserves alimentaires permettent d'assurer l'approvisionnement en temps de crise. Surtout, dans les pays vulnérables, les réserves renforcent la confiance dans les échanges commerciaux en tant que mécanisme le plus efficace pour stabiliser les économies alimentaires nationales. D'un autre côté, lorsque les réserves de céréales vivrières sont basses, les marchés des produits de base deviennent nerveux et sujets à des chocs soudains du côté de l'offre et de la demande voire même à des activités spéculatives. Par conséquent, si nous voulons que les prix soient moins volatils, deux questions se posent : Quelle devrait être la taille des réserves de céréales ? Et à qui devraient-elles appartenir ?

Les marchés privés apportent une réponse claire et cohérente à la première question, seulement si les gouvernements acceptent de ne pas détenir de stocks de céréales. Certains modèles indiquent depuis longtemps qu'il existe un niveau optimal de stockage lorsque les prix attendus correspondent aux rendements attendus tirés de la possession de stocks de céréales. Malheureusement, en ce qui concerne la possession de stocks de céréales vivrières, ceux qui se trouvent entre des mains privées s'avèrent généralement insuffisants pour maintenir un niveau acceptable de sécurité alimentaire, en particulier dans les grands pays. Cette situation pousse généralement les États à intervenir pour stabiliser les prix alimentaires nationaux en recourant à l'une de ces deux méthodes de base : (1) imposer des restrictions au commerce de denrées alimentaires, ce qui tend à accentuer la volatilité des prix sur les marchés mondiaux ; et (2) permettre une détention publique des réserves alimentaires, ce qui peut s'avérer coûteux.

Des données probantes viennent appuyer la nécessité de constituer de grandes réserves de céréales, mais il semble peu probable qu'une action collective soit menée au niveau mondial. Il est toutefois possible d'aider les pays à constituer leurs propres réserves nationales. Les réserves de plus grande taille contribueront à stabiliser l'économie alimentaire mondiale et permettront ainsi aux échanges commerciaux de jouer un rôle plus important (et moins nuisible). Si la communauté internationale du développement, en partenariat avec les gouvernements de grands pays, souhaite stabiliser l'économie alimentaire mondiale, nous devons changer les facteurs à long terme qui incitent à constituer des stocks et utiliser des stocks plus larges pour renforcer la confiance dans le rôle du marché international des céréales vivrières. Comme il sera particulièrement onéreux de maintenir des stocks plus élevés, nous pouvons imaginer un scénario où les larges stocks sont constitués de manière progressive et permettent ainsi de rétablir progressivement la confiance envers le marché mondial des céréales, au fur et à mesure que les prix se stabilisent. Les stocks devront ensuite être réduits (progressivement), alors que la question de leur fardeau fiscal devient une réalité acceptée par tous. Il devrait alors en résulter un regain de confiance dans les échanges commerciaux et dans leur capacité à aider les pays même les plus grands à assurer durablement leur sécurité alimentaire.

RHINO

Chapitre 3

CATASTROPHES

Un air de déjà-vu dans la Corne de l'Afrique

Derek Headey, IFPRI

On se rappellera de l'année 2011 comme celle qui aura connu les plus graves catastrophes «naturelles» de l'histoire. Ces grandes catastrophes naturelles ont frappé aussi bien les pays développés que ceux en voie de développement: séismes dévastateurs au Japon, en Nouvelle Zélande et en Turquie; graves inondations au Pakistan (voir Encadré 3), en Asie du Sud-Est et en Australie; et importantes sécheresses dans la Corne de l'Afrique et la région du Sahel (voir la carte «Sécurité alimentaire et innocuité des aliments» dans les pages suivantes). Sur cette liste, on observe une grande diversité en termes de gravité des chocs; soit les catastrophes ont été le résultat d'une évolution lente ou d'une apparition soudaine, soit les chocs ont été des évènements ponctuels ou ont suivi le cours d'une évolution régulière dans le contexte du paysage, ou encore les sociétés touchées par la catastrophe ont été relativement résilientes ou vulnérables.

Dans les régions basses de la Corne de l'Afrique, les sécheresses et les inondations sont des événements fréquents, même si l'ampleur de l'urgence alimentaire de 2011 était quelque peu inhabituelle. La sécheresse a commencé vers la fin 2010 et la mi-2011 avec un déficit des pluies. Dans certaines parties de la Corne de l'Afrique, notamment dans certaines régions de la Somalie, la sécheresse a été la pire depuis 60 ans. Par ailleurs, au plus fort de la sécheresse, aux alentours du mois d'août 2011, plus de 13 millions de personnes ont eu besoin d'une aide alimentaire. Selon le Fonds des Nations Unies pour l'enfance, plus de 320 000 enfants souffraient de malnutrition

SÉCURITÉ ALIMENTAIRE & SALUBRITÉ ALIMENTAIRE
OÙ LES CATASTROPHES ONT FRAPPÉ EN 2011

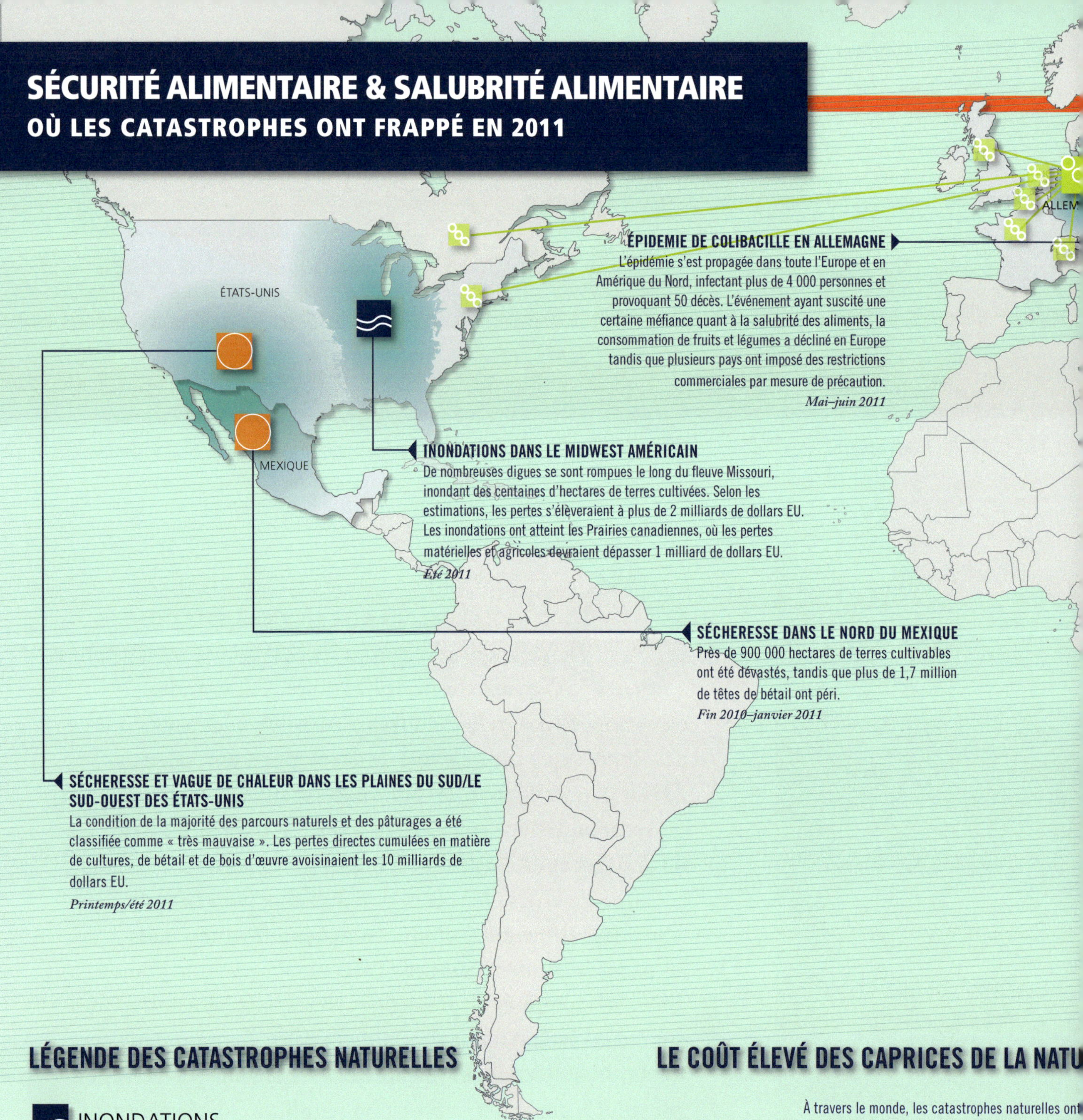

ÉPIDEMIE DE COLIBACILLE EN ALLEMAGNE
L'épidémie s'est propagée dans toute l'Europe et en Amérique du Nord, infectant plus de 4 000 personnes et provoquant 50 décès. L'événement ayant suscité une certaine méfiance quant à la salubrité des aliments, la consommation de fruits et légumes a décliné en Europe tandis que plusieurs pays ont imposé des restrictions commerciales par mesure de précaution.
Mai–juin 2011

INONDATIONS DANS LE MIDWEST AMÉRICAIN
De nombreuses digues se sont rompues le long du fleuve Missouri, inondant des centaines d'hectares de terres cultivées. Selon les estimations, les pertes s'élèveraient à plus de 2 milliards de dollars EU. Les inondations ont atteint les Prairies canadiennes, où les pertes matérielles et agricoles devraient dépasser 1 milliard de dollars EU.
Été 2011

SÉCHERESSE DANS LE NORD DU MEXIQUE
Près de 900 000 hectares de terres cultivables ont été dévastés, tandis que plus de 1,7 million de têtes de bétail ont péri.
Fin 2010–janvier 2011

SÉCHERESSE ET VAGUE DE CHALEUR DANS LES PLAINES DU SUD/LE SUD-OUEST DES ÉTATS-UNIS
La condition de la majorité des parcours naturels et des pâturages a été classifiée comme « très mauvaise ». Les pertes directes cumulées en matière de cultures, de bétail et de bois d'œuvre avoisinaient les 10 milliards de dollars EU.
Printemps/été 2011

LÉGENDE DES CATASTROPHES NATURELLES

- INONDATIONS
- CYCLONE
- SÉCHERESSE
- SÉISME
- TSUNAMI
- MALADIE D'ORIGINE ALIMENTAIRE
- FAMINE/PÉNURIE ALIMENTAIRE

LE COÛT ÉLEVÉ DES CAPRICES DE LA NATU

À travers le monde, les catastrophes naturelles ont entraîné des pertes record en 2011, à hauteur de 3 milliards de dollars EU. Cette somme est plus de d supérieure au total de l'année 2010 et dépasse le précédent record de plus de 115 milliards de dolla

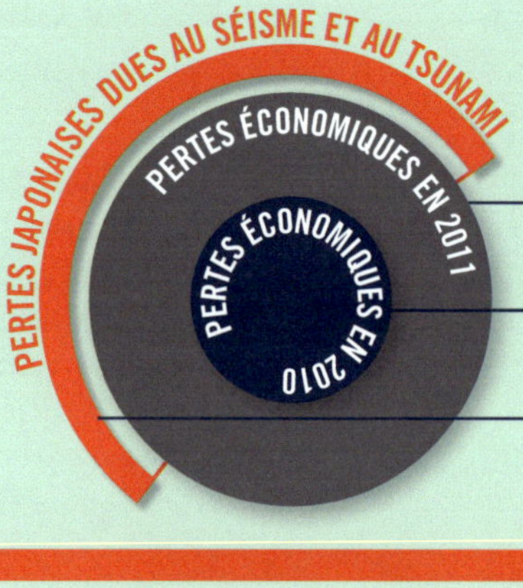

380 MILLIARDS
152 MILLIARDS
210 MILLIARDS
plus de la moitié des pertes totales

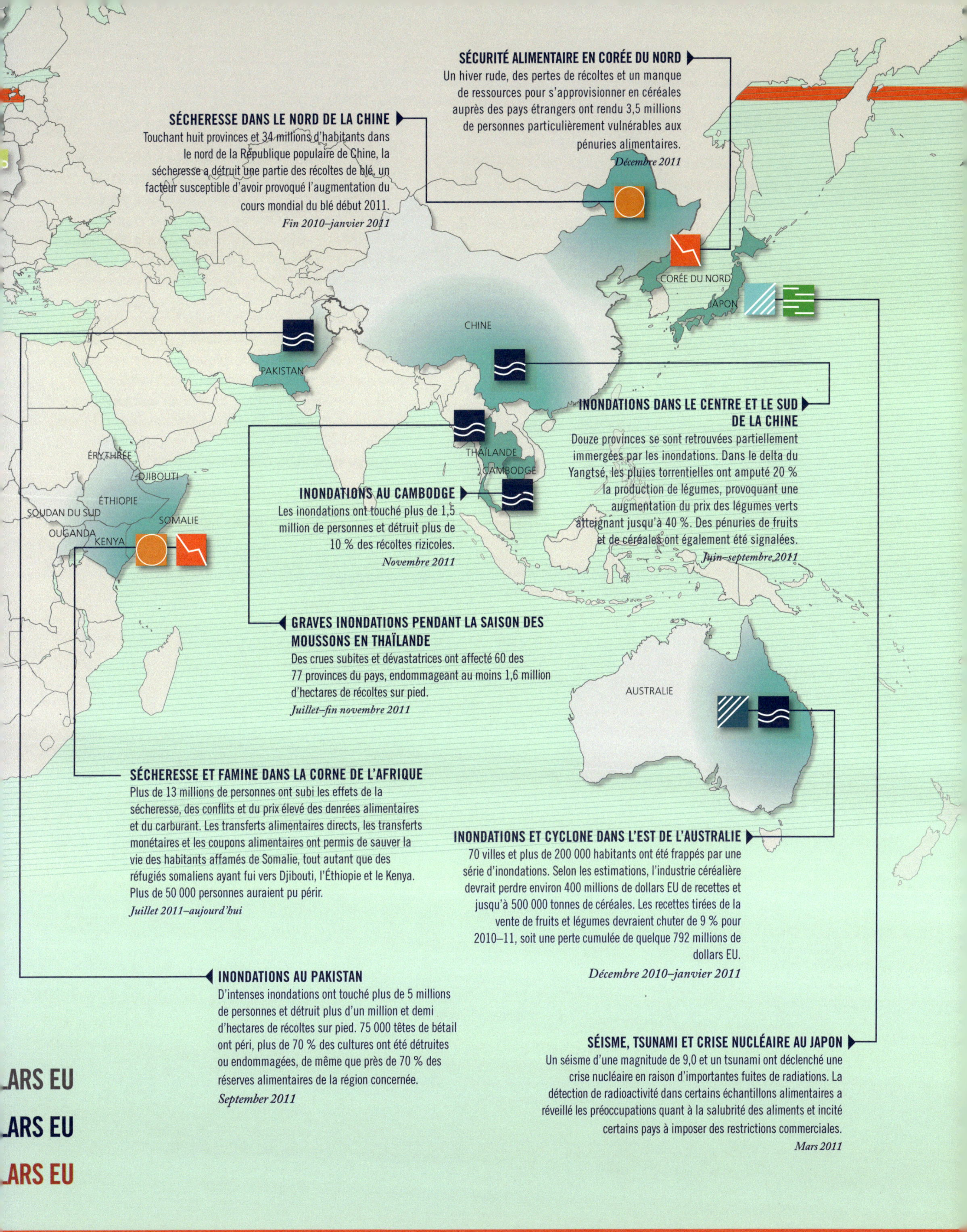

SÉCURITÉ ALIMENTAIRE EN CORÉE DU NORD

Un hiver rude, des pertes de récoltes et un manque de ressources pour s'approvisionner en céréales auprès des pays étrangers ont rendu 3,5 millions de personnes particulièrement vulnérables aux pénuries alimentaires.

Décembre 2011

SÉCHERESSE DANS LE NORD DE LA CHINE

Touchant huit provinces et 34 millions d'habitants dans le nord de la République populaire de Chine, la sécheresse a détruit une partie des récoltes de blé, un facteur susceptible d'avoir provoqué l'augmentation du cours mondial du blé début 2011.

Fin 2010–janvier 2011

INONDATIONS DANS LE CENTRE ET LE SUD DE LA CHINE

Douze provinces se sont retrouvées partiellement immergées par les inondations. Dans le delta du Yangtsé, les pluies torrentielles ont amputé 20 % la production de légumes, provoquant une augmentation du prix des légumes verts atteignant jusqu'à 40 %. Des pénuries de fruits et de céréales ont également été signalées.

Juin–septembre 2011

INONDATIONS AU CAMBODGE

Les inondations ont touché plus de 1,5 million de personnes et détruit plus de 10 % des récoltes rizicoles.

Novembre 2011

GRAVES INONDATIONS PENDANT LA SAISON DES MOUSSONS EN THAÏLANDE

Des crues subites et dévastatrices ont affecté 60 des 77 provinces du pays, endommageant au moins 1,6 million d'hectares de récoltes sur pied.

Juillet–fin novembre 2011

SÉCHERESSE ET FAMINE DANS LA CORNE DE L'AFRIQUE

Plus de 13 millions de personnes ont subi les effets de la sécheresse, des conflits et du prix élevé des denrées alimentaires et du carburant. Les transferts alimentaires directs, les transferts monétaires et les coupons alimentaires ont permis de sauver la vie des habitants affamés de Somalie, tout autant que des réfugiés somaliens ayant fui vers Djibouti, l'Éthiopie et le Kenya. Plus de 50 000 personnes auraient pu périr.

Juillet 2011–aujourd'hui

INONDATIONS ET CYCLONE DANS L'EST DE L'AUSTRALIE

70 villes et plus de 200 000 habitants ont été frappés par une série d'inondations. Selon les estimations, l'industrie céréalière devrait perdre environ 400 millions de dollars EU de recettes et jusqu'à 500 000 tonnes de céréales. Les recettes tirées de la vente de fruits et légumes devraient chuter de 9 % pour 2010–11, soit une perte cumulée de quelque 792 millions de dollars EU.

Décembre 2010–janvier 2011

INONDATIONS AU PAKISTAN

D'intenses inondations ont touché plus de 5 millions de personnes et détruit plus d'un million et demi d'hectares de récoltes sur pied. 75 000 têtes de bétail ont péri, plus de 70 % des cultures ont été détruites ou endommagées, de même que près de 70 % des réserves alimentaires de la région concernée.

September 2011

SÉISME, TSUNAMI ET CRISE NUCLÉAIRE AU JAPON

Un séisme d'une magnitude de 9,0 et un tsunami ont déclenché une crise nucléaire en raison d'importantes fuites de radiations. La détection de radioactivité dans certains échantillons alimentaires a réveillé les préoccupations quant à la salubrité des aliments et incité certains pays à imposer des restrictions commerciales.

Mars 2011

ARS EU

ARS EU

ARS EU

SOURCES: Earth Sécurité alimentaire & Salubrité alimentaire : Administration nationale océanique et atmosphérique du Département du commerce des États-Unis ; Banque mondiale ; Centre européen de prévention et de contrôle des maladies ; Comité national de gestion des catastrophes (Cambodge) ; Earth Policy Institute ; *The Guardian* ; Oxfam ; Organisation des Nations Unies pour l'alimentation et l'agriculture ; Organisation mondiale de la santé des Nations Unies ; PricewaterhouseCoopers ; Programme alimentaire mondial des Nations Unies. **Le coût élevé des caprices de la nature** : Munich Re.

sévère à Djibouti, en Éthiopie, au Kenya et en Somalie. La situation en Somalie était particulièrement grave : 4 millions de personnes, soit plus de la moitié de la population, étaient en situation de crise (Figure 1). 750 000 d'entre elles ont été officiellement déclarées en situation de famine. Depuis la mi-2011, des milliers de personnes ont perdu la vie, en particulier des nourrissons et des jeunes enfants.

Au regard de la gravité de la sécheresse et de la fréquence des urgences humanitaires dans la région, plusieurs questions troublantes se posent. Pourquoi la région semble-elle plus vulnérable aujourd'hui que par le passé, surtout après des décennies d'aide humanitaire et d'aide au développement? Et quelles sont les mesures à prendre pour améliorer les efforts de développement et de secours afin d'accroître la résilience des peuples de la Corne à la prochaine sécheresse?

POURQUOI LA CORNE DE L'AFRIQUE EST-ELLE SI VULNÉRABLE?

Contrairement aux autres catastrophes de 2011, la crise dans la Corne de l'Afrique n'est pas un événement ponctuel. Depuis la Grande Famine en Afrique de 1982 - 1984, la vulnérabilité (Figure 2) et la dépendance vis-à-vis de l'aide semblent avoir augmenté au fil du temps. Au Kenya, sur les huit dernières années, six ont été marquées par des sécheresses accompagnées de crises alimentaires. Mais, quelle est la cause de cette tendance inquiétante? Est-ce parce que les sécheresses et les inondations sont plus fréquentes, ou parce que les gens sont plus vulnérables, ou les deux à la fois.

Il n'existe encore aucune preuve sur un changement climatique généralisé dans la région Somali en Éthiopie[1], toutefois on observe une chute des précipitations au Kenya et selon des observateurs, le changement

ENCADRÉ 3

Après les inondations : le Pakistan et la sécurité alimentaire

Paul Dorosh et Sohail J. Malik, IFPRI

Les pluies de mousson inhabituellement abondantes ont provoqué en 2010 et 2011 de graves inondations dans certaines régions du Pakistan. De juillet à août 2010, les eaux de crue ont recouvert une superficie de 50 000 km² et affecté plus de 18 millions de personnes (environ un dixième de la population totale du pays). Ces inondations ont causé près de 2 000 décès, la perte de 500 000 bêtes et des dommages voire la destruction de 2,2 millions d'hectares de récoltes sur pied, de 1,7 million de foyers et de 10 000 écoles. Ensuite, peu de temps après ce désastre, des inondations ont frappé, entre août et octobre 2011, la partie méridionale du Pakistan. Bien qu'ayant touché une zone plus petite et causé la moitié des victimes des inondations de 2010, les coûts humains et physiques combinés ont souligné l'importance d'opérer des améliorations continues dans la réhabilitation et la reconstruction post-catastrophe au Pakistan.[1]

D'autres expériences au Pakistan et dans d'autres pays d'Asie du Sud ont montré que la reconstruction après une catastrophe devait inclure des stratégies de subsistance pour les ménages touchés, notamment en :

- accordant la priorité à la protection sociale des groupes les plus vulnérables,
- organisant des campagnes de sensibilisation aux nouveaux programmes,
- assurant la participation des principales parties prenantes (à partir d'une base multisectorielle et communautaire) dans les décisions prises pour chaque programme,
- adaptant les interventions aux besoins spécifiques des groupes vulnérables, et
- offrant des programmes de travail temporaire.

De manière spécifique, l'expérience des inondations de 1998 au Bangladesh (où les ménages pauvres avaient une dette continue d'environ 100 dollars EU, soit un mois et demi de consommation moyenne même quinze mois après les inondations), a démontré l'importance de l'emprunt auprès du secteur privé dans les stratégies d'adaptation des pauvres et le besoin de prendre en compte les transferts substantiels à ces ménages afin d'éviter des effets néfastes à long terme.

Même si le Pakistan a tiré des enseignements de quelques-unes des expériences passées, les retards dans le financement et la mise en œuvre (dus en partie à la réticence des bailleurs de fonds face à la détérioration de la gouvernance, du droit et de l'ordre) ont freiné les réactions face aux inondations de 2010 au Pakistan. Heureusement, les prix intérieurs du blé au Pakistan sont restés stables grâce à une excellente récolte en avril 2010 et d'abondants stocks privés et publics. Les autorités pakistanaises ont recensé 1,5 million de ménages touchés par les inondations et fourni des abris d'urgence à près de 900 000 ménages. Jusqu'en janvier 2011, environ 6 millions de personnes ont reçu une aide alimentaire sous forme de rations mensuelles. L'État pakistanais a également lancé le *Citizen's Damage Compensation program* (Programme d'indemnisation des dégâts subis pour les citoyens) afin d'accorder à chacune des 1,5 million de familles touchées, une subvention unique d'environ 230 dollars EU (sous forme de carte de débit ou «*Carte Watan*»). Une évaluation ex-post de l'efficacité du programme, y compris le ciblage des paiements et d'autres aspects, devrait livrer des leçons et des idées pertinentes pour la préparation, l'organisation des secours et le relèvement du Pakistan dans l'éventualité d'une catastrophe.[2]

FIGURE 1 **Estimation de l'insécurité alimentaire au plus fort de la famine dans la corne de l'Afrique**

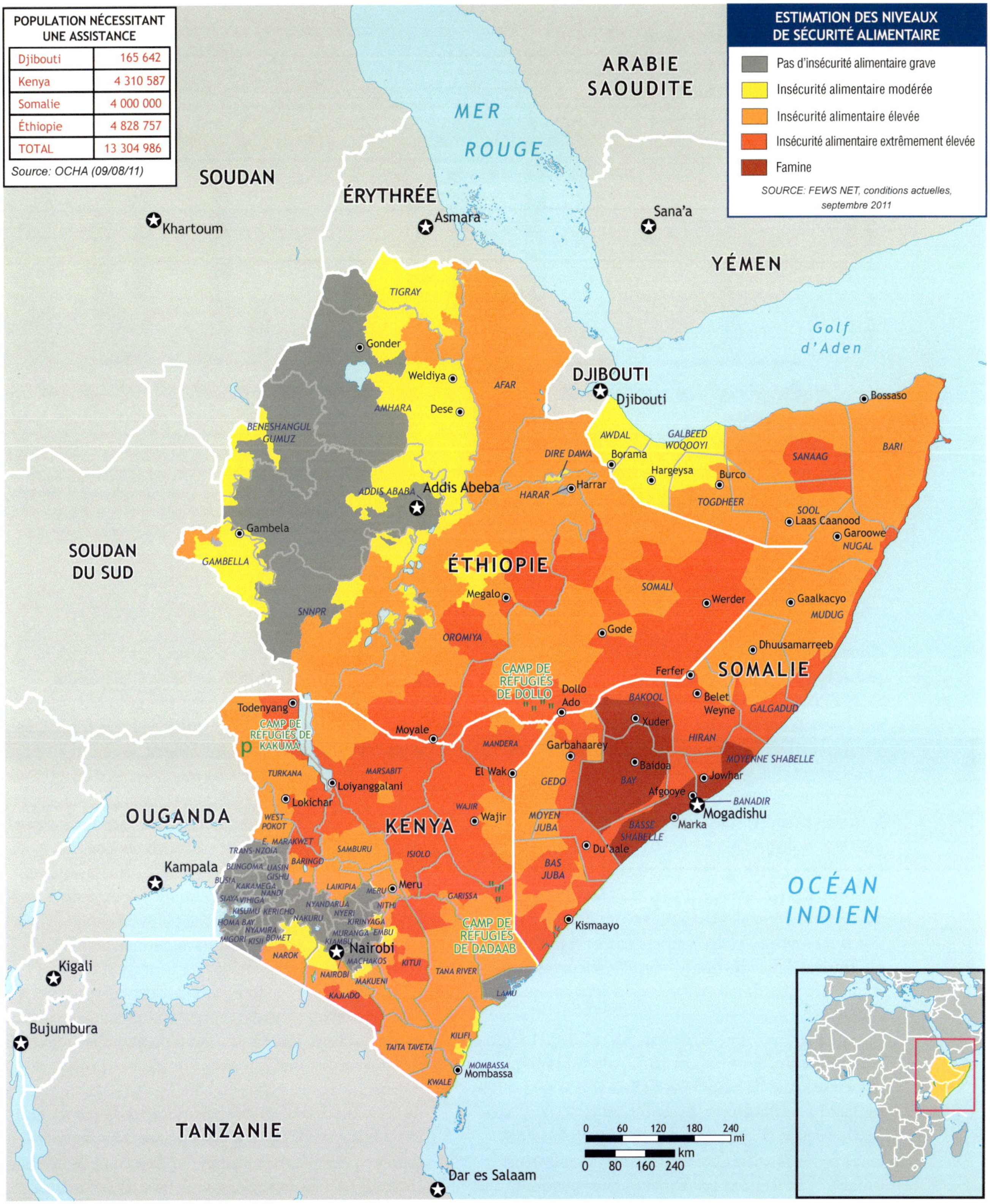

Source: US Agency for International Development, http://www.usaid.gov/our_work/humanitarian_assistance/disaster_assistance/countries/horn_of_africa/template/maps/fy2012/hoa_10072011.pdf. **Notes:** Les données reprises sur cette carte datent de septembre 2011.

FIGURE 2 **Nombre de personnes souffrant de la sécheresse dans la corne de l'Afrique, 1970–2010**

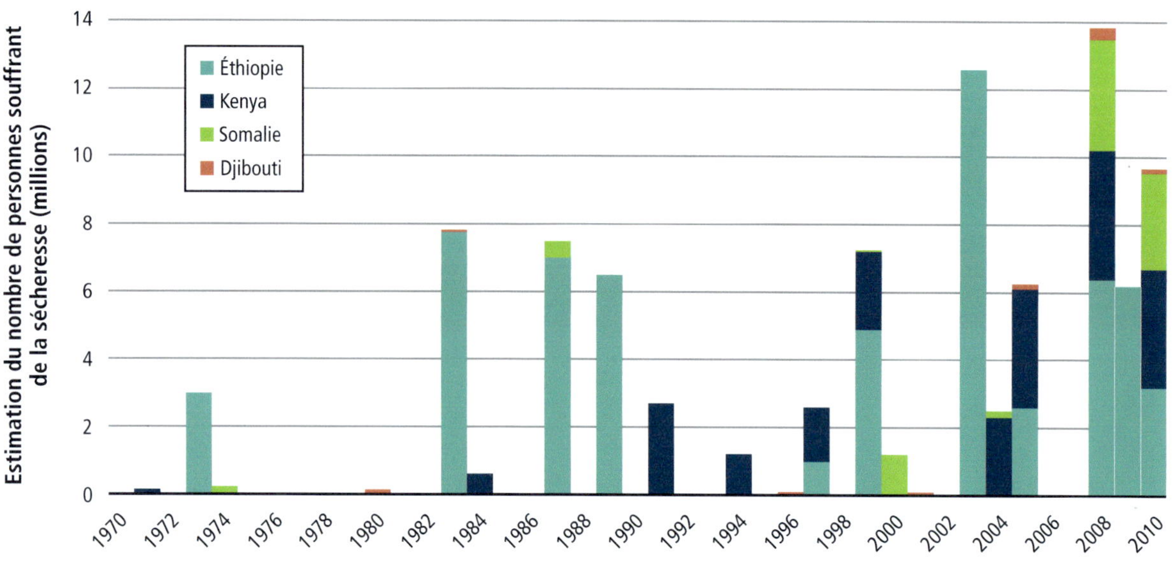

Source: EM-DAT: Base de données sur les catastrophes naturelles OFDA/CRED, (Université Catholique de Louvain, Bruxelles, 2011), www.emdat.be. **Notes:** Les estimations ci-dessus ne sont qu'approximatives. En plus des difficultés liées à l'identification des personnes affectées, il y a des degrés d'impact qui n'ont pas été enregistrés ainsi que des omissions possibles au cours de périodes antérieures, dues à une plus faible efficacité des mesures, une mauvaise gouvernance, etc. De plus, ces données ne font pas de différence entre les populations pastorales et non pastorales, particulièrement en Éthiopie, ce qui rend les mesures des impacts des sécheresses difficiles à estimer, en particulier dans les zones pastorales.

climatique va bientôt augmenter la fréquence des sécheresses dans la région.

Malgré cela, la plupart des experts de la région attribuent l'augmentation apparente de l'insécurité alimentaire aux facteurs socioéconomiques et aux événements climatiques. Cette réflexion corrobore en partie les résultats des recherches menées sur les famines et l'insécurité alimentaire tirés de l'ouvrage précurseur du prix Nobel Amartya Sen.[2] Sen a émis l'hypothèse que les gens mouraient de faim non à cause des pénuries globales de vivres, mais faute d'accès à la nourriture. Cependant, d'autres observateurs font valoir que la famine a aussi des causes sociales et politiques plus profondes, telles que les conflits, la corruption, et d'autres formes de mauvaise gestion économique et politique.[3]

En ce qui concerne la toute dernière crise, l'opinion s'accorde à dire que la raison principale qui explique pourquoi le sud de la Somalie du Sud a été la seule région frappée par la famine, est le conflit qui sévit dans cette partie du pays (Figure 1). Le conflit a probablement amplifié l'insécurité alimentaire, et ce, via plusieurs canaux. Tout d'abord, en l'absence d'un gouvernement efficace, le sud de la Somalie n'a pas été en mesure de mettre en place des institutions de gestion des risques de catastrophe et des programmes de filets sociaux de sécurité observés dans d'autres pays de la région. Deuxièmement, Al Shabab a exclu le Programme alimentaire mondial des zones sous contrôle, inhibant sérieusement l'approvisionnement en biens et services d'urgence (Encadré 4). Et finalement, le conflit a considérablement entravé les mécanismes d'adaptation des personnes face à la sécheresse, y compris leur capacité à déplacer leurs troupeaux, à se lancer dans le commerce de bétail ainsi que leur accès à des vivres à un prix abordable. Les conflits locaux ont été présentés comme des facteurs affaiblissant la mobilité des troupeaux dans les différentes régions de l'Éthiopie et du Kenya.[4]

Non seulement les conflits amplifient les effets de la sécheresse, mais la sécheresse peut aussi être une source de conflits en intensifiant la concurrence sur les pâturages et les sources d'approvisionnement en eau qui se raréfient. Pour ce qui est de la Somalie, une étude récente montre que le manque de pluies a provoqué une baisse des prix réels du bétail (et par conséquent des revenus des ménages) avec pour conséquence une montée des conflits, vu que les jeunes sans emploi se tournent vers d'autres formes de génération de revenus.[5] Il est difficile de dissocier les relations exactes entre sécheresse, conflits et insécurité alimentaire, mais le conflit est probablement à la fois une cause et une conséquence de l'insécurité alimentaire.

ENCADRÉ 4

Aide humanitaire : Comment faire mieux?

Steven Were Omamo, Programme alimentaire mondial

En 2011, la sécheresse, les conflits et les prix élevés des denrées et du carburant ont affecté les conditions de vie de plus de 13 millions de personnes dans la région de la Corne de l'Afrique (Djibouti, Éthiopie, Kenya, Somalie et Ouganda). En étroite collaboration avec les gouvernements et d'autres partenaires, le Programme alimentaire mondial (PAM) a ciblé 11 millions de personnes touchées par la crise. En décembre, grâce à une gamme d'interventions, y compris des transferts alimentaires directs, des espèces et des coupons, l'aide du PAM avait atteint près de 8 millions de personnes dans la région, offrant une bouée de sauvetage aux vulnérables à l'intérieur des frontières de la Somalie ainsi qu'aux réfugiés somaliens qui ont trouvé refuge à Djibouti, en Éthiopie et au Kenya. La plus grande partie de l'aide alimentaire du PAM a été consacrée aux populations affectées par la sécheresse en Éthiopie, au Kenya et en Ouganda. Cependant, l'insécurité et la mauvaise qualité des infrastructures en Somalie n'a pas permis au PAM de toucher toutes les populations visées.

Même si son objectif n'a pas totalement été atteint, le PAM a tiré une leçon fondamentale. Les investissements effectués par les pouvoirs publics nationaux et les autres partenaires en vue d'une meilleure gestion de l'utilisation des terres et du renforcement de la résilience étaient prévus de manière à ce que les populations, notamment en Éthiopie, au Kenya et en Ouganda, qui ont eu besoin d'une aide alimentaire au cours des sécheresses précédentes, n'aient plus besoin d'aide en 2011.

Pour le PAM, les investissements pour une meilleure préparation ont également porté leurs fruits, surtout en ce qui concerne les décisions relatives à l'utilisation du nouveau mécanisme d'achats anticipés afin d'acquérir et pré-positionner des vivres dans les zones susceptibles d'avoir besoin d'une aide alimentaire. L'analyse préliminaire conduite conjointement par le PAM, l'Union africaine, et d'autres partenaires montre que l'exploitation de réserves régionales d'aide alimentaire d'urgence et qu'une utilisation plus large des assurances contre les intempéries pourraient davantage améliorer la préparation en cas de situation comme celle que connaît la Corne de l'Afrique.[1]

En ce qui concerne l'avenir, les principaux défis politiques du PAM et des autres acteurs humanitaires portent sur la manière de renforcer la résilience des communautés vivant dans les zones exposées à la sécheresse, en utilisant l'aide humanitaire pour aider les agriculteurs et les éleveurs à s'adapter aux changements climatiques. À cette fin, les organismes doivent trouver des moyens de :

- mieux intégrer les efforts de secours dans des solutions à plus long terme qui renforcent la résilience au sein des communautés vivant dans les zones exposées à la sécheresse tout en les élargissant au relèvement et à la réhabilitation;
- protéger les actifs productifs des populations touchées, avec une attention particulière à la satisfaction des besoins nutritionnels des membres les plus faibles de la société en fournissant des suppléments alimentaires hautement nutritifs;
- renforcer la capacité des gouvernements à mettre en place des dispositifs et des mécanismes institutionnels pour résoudre les crise en mettant l'accent sur les approches qui équilibrent les interventions à court terme avec ceux à moyen et à long terme se concentrant sur les problèmes de faible productivité et d'autres causes de l'insécurité alimentaire et nutritionnelle, et
- soutenir la Commission de l'Union africaine et l'Autorité intergouvernementale pour le développement en créant un processus destiné à remédier aux grandes lacunes politiques et institutionnelles au niveau régional, notamment en reliant efficacement les évaluations et les alertes précoces à des actions rapides et efficaces.

Ces actions peuvent limiter les effets négatifs d'une crise naturelle ou d'origine humaine, et en conséquence réduire la souffrance et accroître l'impact de l'aide humanitaire.

Le conflit est une explication socioéconomique évidente de l'insécurité alimentaire dans la Corne, mais il n'est en aucun cas la seule. De nombreuses études sur la Corne, notamment en dehors de la Somalie, ont mis l'accent sur la réduction de la résilience des communautés pastorales et ex-pastorales.[6] La résilience des ménages dépend de l'importance de de leurs actifs (bétail, éducation, terres) et de leurs mécanismes d'adaptation (mobilité, diversification des revenus). L'élevage est le plus grand secteur économique dans la Corne. Pour de nombreux ménages, il est l'actif le plus important et une source essentielle de revenus, de lait et d'autres produits destinés à l'autoconsommation. Vu l'abondance des terres dans la région et de la variabilité des précipitations, le déplacement du bétail a toujours été un moyen efficace d'adaptation face à la sécheresse.

Cependant, la pérennité du nomadisme pastoral a par le passé été au centre de longs débats. D'après les premières critiques, la difficulté de gérer des ressources communes a donné lieu à des cycles prononcés d'accumulation, d'expansion et de récession des troupeaux, à la surexploitation des pâturages et à la dégradation des terres ainsi qu'à l'épuisement des ressources en eau.[7] Dans les années 1990 et 2000, de plus en plus de preuves fondées ont montré que l'accumulation des troupeaux dans les années qui ont suivi la sécheresse était un moyen rationnel d'accroître la résilience globale du cheptel face aux sécheresses à venir.[8] Aujourd'hui, on peut affirmer qu'il existe un consensus assez large sur le fait que le pastoralisme ne cause pas de dommages permanents aux parcours.[9]

Cela ne signifie pas pour autant que la question de la «capacité de charge» de la région ne soit plus pertinente. Bien que les stratégies de gestion des troupeaux des pasteurs soient individuellement rationnelles et saines sur le plan écologique, les populations humaine et animale dans de nombreuses régions de la Corne ont connu une croissance rapide qui s'est opérée sur une base de ressources naturelles fixe. Dans de nombreuses régions de la Corne, les taux de croissance démographique avoisinent les 3% par an avec des taux de fécondité élevés. À ce rythme, la population doublera tous les 25 à 30 ans.

> Vu l'abondance des terres dans la région et la variabilité des précipitations, le déplacement du bétail a toujours été un moyen efficace d'adaptation face à la sécheresse.

Le nombre croissant d'êtres humains et d'animaux semble accroître la vulnérabilité dans certaines parties de cette région. Par exemple, dans le nord du Kenya où la croissance démographique a été particulièrement rapide et les ressources foncières assez limitées[10], les communautés pastorales ont fait état d'une baisse de 50% de la taille moyenne des troupeaux de 1980 à 1998. Selon d'autres recherches, la concurrence croissante sur les terres dans une grande partie de la région est essentiellement due à la croissance démographique (partiellement imputable aux migrants des zones non pastorales).[11]

Les politiques et les facteurs institutionnels peuvent également avoir joué un rôle dans le morcellement des terres et dans la réduction de la mobilité des troupeaux. Des efforts considérables ont été entrepris pour développer l'irrigation dans les zones pastorales. Plusieurs tentatives ont été menées pour mettre au point de systèmes d'élevage de type ranch, ainsi qu'une répartition conséquente des systèmes communautaires de droits de propriété (à travers, par exemple, la clôture accélérée des anciennes terres communales). La plupart de ces évolutions s'expliquent par l'incompétence des politiques et des institutions gouvernementales en matière de protection des droits de propriété des pasteurs.

Quelles que soient les causes sous-jacentes, la perte de mobilité réduit considérablement la capacité d'adaptation des groupes pastoraux. Les zones à mobilité réduite ont été les plus durement touchées par les dernières sécheresses au Kenya et en Éthiopie. De manière plus générale, les agriculteurs sédentaires (des ex-pasteurs en général) sont plus pauvres et plus vulnérables que les pasteurs, puisque ces derniers utilisent la mobilité comme un mécanisme d'adaptation. Pourtant, en dépit des preuves convaincantes des avantages potentiels du pastoralisme dans ce genre d'environnement, les administrations centrales, qui se méfient souvent des populations nomades qui traversent régulièrement les frontières nationales non contrôlées, ont tendance à sous-évaluer le besoin de mobilité.

En résumé, les raisons pour lesquelles la région est apparemment plus vulnérable sont beaucoup plus complexes qu'on ne le pense. Certes, la sécheresse est un facteur important, tout comme le conflit souvent cité en Somalie. Pourtant, derrière ces chocs se cachent des facteurs plus latents (tels que la réduction de la taille des troupeaux et la perte de mobilité) qui entravent la résilience des communautés dans la région. Déterminer les sources profondes de ces chocs est loin d'être facile. Selon de nombreux observateurs avertis, il existe un cercle vicieux au centre des interactions entre la croissance démographique, les conflits locaux, le morcellement des terres et la réduction de la mobilité.[12]

ACCROÎTRE LA RÉSILIENCE DANS LA CORNE DE L'AFRIQUE

Pour renforcer la résilience dans la Corne de l'Afrique, il est nécessaire d'équilibrer le renforcement du pastoralisme (activité économique traditionnelle toujours dominante de la région) et la promotion d'une véritable diversification économique. Actuellement, la région est bien plus diversifiée que ne laisse paraître sa description habituelle de «région pastorale». Par exemple, dans la région Somali d'Éthiopie, près de 70% des ménages pratiquent l'élevage, mais une grande partie produit aussi des cultures (43,4%), ramasse du bois de chauffage (17,0%) et du charbon (14,7%). Un nombre plus restreint de ménages évolue dans diverses industries artisanales, y compris le tissage de tapis (6,3%), les services (10,0 %), le commerce (3,8%) et les travaux ou emplois (2,4%).[13] D'autres régions présentent des degrés de diversité[14] similaires voire supérieurs.

Cependant, les moyens d'existence alternatifs les plus courants sont moins rentables. L'agropastoralisme (souvent composé de pasteurs qui ont échoué dans leurs activités) paie généralement beaucoup moins que le pastoralisme, tandis que l'agriculture irriguée génère des revenus un peu plus élevés, et que les moyens de subsistance urbains paient beaucoup plus (Tableau 1). Le Tableau 1 masque le fait que l'agriculture pluviale pratiquée par les agro-pasteurs est un moyen de subsistance extrêmement volatil, peut-être plus que le pastoralisme (vu l'adaptation des pasteurs à la sécheresse par une mobilité accrue). Par ailleurs, les activités secondaires de collecte et de vente de produits naturels, tels que le bois de chauffage et le charbon de bois, sont celles qui paient le moins bien.[15] Ces professions constituent une stratégie d'adaptation néfaste pour l'environnement et entravent le pastoralisme par la destruction des arbustes qui servent de nourriture au bétail.

Ceci prouve que les économies pastorales doivent se diversifier et ce, en développant l'agriculture irriguée et en encourageant la migration vers les zones urbaines. Dans le court à moyen terme, la question fondamentale est toutefois de savoir combien de nouveaux entrants ces moyens de subsistance alternatifs peuvent-ils absorber. Par exemple, selon une analyse récente, davantage d' investissements dans l'irrigation dans les plaines arides et semi-arides d'Afrique de l'Est pourraient de manière rentable absorber un minimum de 3,2% de sa population rurale en 2020 et un maximum de 12,6%, sur la base des estimations sur la taille d'une ferme viable et des coûts d'irrigation (Tableau 2).[16] Le pourcentage absorbé pourrait être un peu plus élevé si les estimations prenaient en compte la collecte des eaux de pluie qui permettent une irrigation saisonnière.

Mais il y a lieu d'être prudent quant au potentiel de l'irrigation. Les aménagements hydro-agricoles sur les terres arides dans la région ont souvent adopté des pratiques ou des technologies inappropriées qui se sont rapidement avérées non durables et non rentables. Les aménagements hydro-agricoles peuvent également entraver l'accès des pasteurs aux principaux points d'eau et aux pâturages de saison sèche. De plus, des doutes subsistent quant à la durabilité de l'irrigation sur les plaines arides et semi-arides en cas de baisse de la pluviosité, tel que prévu par les modèles de changement climatique, ainsi qu'aux impacts négatifs en aval sur les communautés environnantes.[17]

La migration et l'urbanisation semblent plus prometteuses, mais la condition préalable à une migration et une urbanisation réussies est d'investir davantage dans l'éducation, puisque les emplois informels à faible rentabilité ou la criminalité sont habituellement des choix alternatifs. À l'heure actuelle, les résultats scolaires dans les zones pastorales sont déplorables (voir, par exemple, la Figure 3 pour l'Éthiopie). Pourtant, il existe un énorme potentiel dans le développement de l'éducation. De meilleurs résultats scolaires contribueront non seulement à une diversification économique et à une migration, mais aussi à des taux de fécondité moins élevés, à l'autonomisation des femmes, et même au renforcement de la gouvernance locale ainsi que des services communautaires de santé animale et de vulgarisation. Par ailleurs, la répartition par âge dans les zones pastorales privilégie fortement les plus jeunes, par conséquent donner une impulsion à l'éducation pourrait avoir une profonde incidence au cours de la prochaine décennie. De plus, on constate une demande croissante en éducation dans les communautés pastorales.[18]

La mobilité et l'isolement des communautés pastorales posent des défis au développement de l'éducation. Néanmoins, il existe des moyens pour les surmonter. Par exemple, les internats, l'apprentissage à distance et les écoles mobiles sont des options qui comportent à la fois des forces et des faiblesses.

TABLEAU 1 Bien-être par type de moyens de subsistance dans la région Somali de l'Éthiopie, 2005

Type de moyens de subsistance	Revenu moyen [a]	Score de diversité alimentaire [b]	Enfants vaccinés (%)	Alphabétisation des adultes (%)
Pastoralisme	217 (340)	4,3	24,4	13,7
Agro-pastoralisme	97 (199)	3,4	19,6	11,4
Cultures irriguées	254 (345)	3,9	35,4	12,5
Urbain	1 081 (1 103)	6,8	49,4	49,9

Source: S. Devereux, *Vulnerable Livelihoods in Somali Region, Ethiopia,* Research Report No. 57 (Sussex, UK: Institute of Development Studies, 2006).

[a] Revenus exprimés en birr 2005 par mois. Les chiffres (reflète le revenu moyen lorsque les ménages ayant un revenu de zéro sont exclus du calcul).

[b] Le Score de diversité alimentaire est le nombre de groupes alimentaires différents consommés au cours des 24 heures précédentes, l'indicateur allant de 0 à 13 groupes alimentaires.

TABLEAU 2 Zones irriguées de façon rentable dans les plaines arides et semi-arides des pays d'Afrique de l'Est

Scénario d'irrigation	Estimation des augmentations rentables de zones irriguées (hectares)	Projections de la population rurale en 2020 (millions)	Pourcentage des ménages de six personnes rurales susceptibles de cultiver:	
			1 HECTARE IRRIGUÉ	0.5 HECTARES IRRIGUÉ
Bas	522 850	50,0	6,3	12,6
Moyen	320 689	50,0	3,9	7,8
Élevé	266 085	50,0	3,2	6,4

Source: Estimation des auteurs fondées sur des données et méthodes décrites dans D. Headey, A. S. Taffesse, et L. You, *Enhancing Resilience in the Horn of Africa: An Exploration into Alternative Investment Options*, IFPRI Discussion Paper 01176 (Washington, DC: Institut international de recherche sur les politiques alimentaires, 2012).

Les écoles mobiles, par exemple, conviennent au pastoralisme, mais ont tendance à avoir des enseignants de piètre qualité et des ressources limitées. Les internats ont un potentiel plus attractifs (et pourraient être liés à des programmes d'alimentation scolaire et des interventions sanitaires), mais leur promotion doit être conforme aux normes culturelles et religieuses.

La répartition par âge dans les zones pastorales privilégie fortement les plus jeunes, par conséquent donner une impulsion à l'éducation pourrait avoir une profonde incidence.

Les interventions en matière de santé et nutrition jouent aussi des rôles clés dans le renforcement du capital humain. Même si la malnutrition chronique (qui se manifeste par un retard de croissance) est relativement faible dans les zones pastorales, la malnutrition aiguë (reflétée par l'émaciation) est généralement très élevée[19] en raison du degré élevé de sécheresse et de graves crises alimentaires ainsi que de l'accès extrêmement limité aux services de santé (souvenez-vous des faibles taux de vaccination dans le Tableau 1). Une santé et une nutrition adéquates ne sont pas seulement importantes en elles-mêmes, mais sont également indispensables pour augmenter le taux de fréquentation et améliorer les résultats scolaires, de sorte qu'une stratégie plus globale de développement du capital humain dans la région puisse générer plus de dividendes. En outre, les interventions sanitaires sont au premier plan des priorités personnelles de développement des pasteurs.[20]

Bien que la diversification des économies de la région occupe une place essentielle, il est également important d'accroître la rentabilité et la résilience du pastoralisme pour deux raisons. Premièrement, les stratégies de diversification mettent du temps à porter des fruits et ont une capacité limitée à absorber plus de personnes dans un futur immédiat. Deuxièmement, le nomadisme pastoral a un avantage comparatif dans une région caractérisée par des terres abondantes et une pluviométrie capricieuse. En effet, d'une certaine manière, le commerce de bétail dans la région s'est très bien porté. Au cours des années 1990, les exportations de bétail de la Somalie vers le Kenya ont doublé.[21] Dans les années 2000, les exportations officielles de bétail sont passées d'environ 8 millions de dollars EU en 2004 à un peu plus de 200 millions de dollars EU en 2010.[22] La grande majorité des exportations de bétail de l'Éthiopie (90 à 95%) proviennent des zones pastorales.[23] Il y a derrière ces tendances positives, une forte demande des pays à l'étranger et une hausse des prix.

Mais comment la filière bétail peut-elle être davantage développée de manière à bénéficier aux pauvres ? Les efforts pour développer le pastoralisme se sont concentrés sur la commercialisation (à savoir la promotion d'une plus grande participation aux marchés) et une meilleure gestion des sécheresses, mais il y a peu de raisons de penser que les interventions commerciales dans la Corne ont profité aux pauvres (en partie à cause de la faiblesse des données de base).[24] Par ailleurs, des signes indiquent que l'inégalité dans les zones pastorales augmentera probablement. Les grands éleveurs sont de plus en plus engagés sur les marchés d'outre-mer et se sont relativement bien adaptés à la sécheresse, tandis que les éleveurs pauvres ne sont pas parvenus à vendre leur

FIGURE 3 Niveau d'alphabétisation en Éthiopie par districts pastoraux et non pastoraux

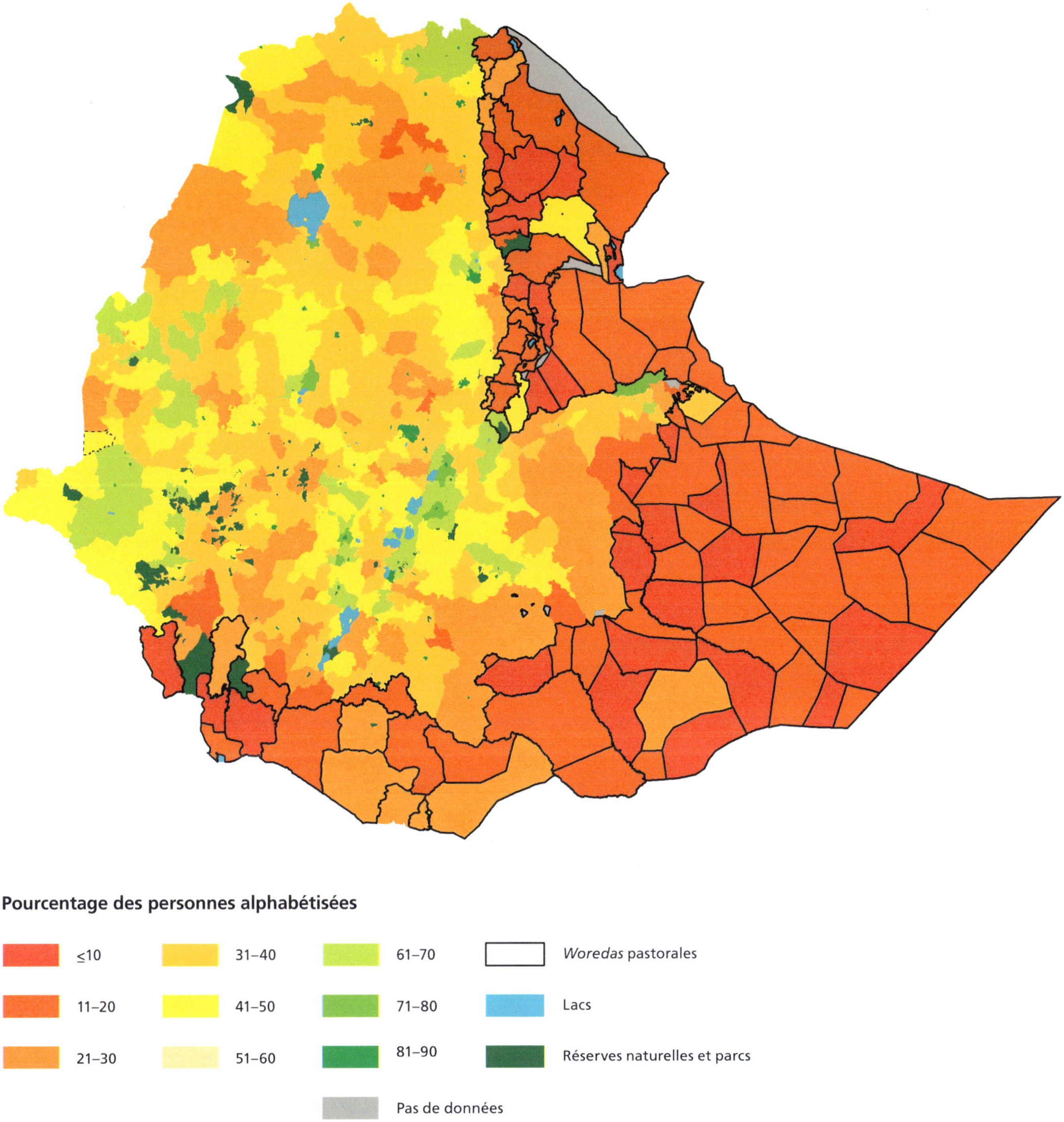

Source: Estimations de l'auteur fondées sur des données provenant de l'agence centrale des statistiques d'Éthiopie. **Note:** *Woreda* désigne un district.

bétail avant la sécheresse et ont donc perdu la majeure partie de leurs troupeaux. Ces ex-pasteurs sont donc contraints de se faire recruter comme bergers ou dans l'agropastoralisme, ou encore dans d'autres activités à faible rentabilité.

Un accès plus ouvert au marché ainsi qu'un marché intégré devraient permettre aux communautés pastorales d'acheter et de vendre du bétail avant une période de sécheresse au lieu de voir leurs troupeaux mourir à cause de la sécheresse.

Un accès plus ouvert au marché ainsi qu'un marché intégré devraient permettre aux communautés pastorales d'acheter et de vendre du bétail avant une période de sécheresse au lieu de voir leurs troupeaux mourir à cause de la sécheresse. Pour ce faire, l'infrastructure routière se présente évidemment comme une grande priorité, tout en gardant à l'esprit la nécessité d'assurer que ces investissements restent stratégiques et rentables dans les zones à faible densité de population. Des systèmes d'information plus développés pourraient transmettre des prévisions météorologiques et des alertes précoces, des informations sur les prix du bétail, et autres informations utiles aux commerçants et aux pasteurs (comme des avis de ventes aux enchères de bétail). Des alertes précoces et des données sur les prix ont été diffusées par téléphonie mobile. Cependant, beaucoup plus d'efforts pourraient être entrepris pour rendre les marchés plus concurrentiels. Sur les plus petits marchés de bétail, les commerçants semblent avoir plus de pouvoir de négociation que les pasteurs qui ne peuvent souvent pas se permettre de ramener les animaux invendus dans leurs pâturages. L'une des solutions pourrait être de fixer des jours de marchés spécifiques et de passer à un système basé sur les ventes aux enchères.[25] En théorie, ces changements institutionnels relativement simples devraient augmenter les prix perçus par les pasteurs et même promouvoir une plus grande commercialisation du secteur.

Des changements relatifs au commerce et à la santé animale sont également nécessaires pour rendre le secteur pastoral plus viable. La plupart des exportations de bétail dans la région se font de façon informelle, en partie en raison des règlementations onéreuses et des mauvaises infrastructures douanières.[26] En Éthiopie, les interventions d'urgence en santé animale sont généralement à faible rentabilité puisque les principales contraintes en période de sécheresse sont les vivres et l'eau.[27] Cependant, l'amélioration de la santé animale en temps normal reste extrêmement importante tant pour protéger que pour développer cet actif clé des ménages. Elle contribue également à prévenir la propagation de maladies et les interdictions ultérieures sur les exportations de bétail, une situation susceptible de faire peser un lourd fardeau économique à la région.

Une meilleure gestion et règlementation des ressources foncières et celles en eau, sera également cruciale. En plus de l'impact des conflits sur les terres et eaux, les éleveurs souffrent des effets néfastes des aménagements hydro-agricoles, de l' «accaparement des terres» et du manque de protection sur les droits de propriété communautaires. Ces politiques foncières ne sont pas seulement injustes, mais inefficaces. Elles sapent la performance du secteur de l'élevage et interfèrent avec le mécanisme principal d'adaptation des communautés pastorales face à la sécheresse. Cette situation reflète la marginalisation généralisée des communautés pastorales par les gouvernements nationaux. Au cours des dernières années, un certain nombre d'interventions et d'institutions ont toutefois été mises en place pour remédier à cette marginalisation[28] avec pour résultats des avancées significatives dans la résolution de conflits locaux, y compris la règlementation des pâturages et des ressources en eau.[29]

Enfin, le besoin de stratégies fondées est un problème omniprésent dans chaque aspect des stratégies de développement dans la région. Même les chercheurs les plus expérimentés sur la Corne de l'Afrique reconnaissent le manque d'informations sur ce qui fonctionne et ne fonctionne pas. La mise au point de stratégies fondées implique des innovations technologiques et institutionnelles en vue de faire face aux problèmes de la région et procéder par la suite à une évaluation rigoureuse de ces innovations. Les systèmes d'élevage extensifs d'autres régions du monde, notamment en Afrique, en Australie, en Asie centrale, en Chine, au Moyen-Orient et en Amérique du Nord peuvent constituer des idées et des exemples technologiques pertinents. Les nouvelles technologies pourraient porter sur une plus grande utilisation de la téléphonie mobile pour la diffusion d'informations sur les marchés, d'alertes précoces, de prévisions météorologiques par satellite sur la pluviométrie et la disponibilité des pâturages, sur l'assurance bétail indexée, et les semences améliorées. Les innovations institutionnelles pourraient inclure une meilleure réglementation des points d'eau, la création de corridors de bétail (en particulier en présence d'aménagements hydro-agricoles), des investissements stratégiques dans l'infrastructure avec des liens plus solides avec les centres d'élevage, des interventions sur la chaîne de valeur (telles que l'engraissement du bétail), des écoles et cliniques mobiles et des partenariats secteurs public-privé pour encourager l'investissement privé dans la région. Tous ces programmes pourraient aider à atténuer les inconvénients de la distance et des variabilités du climat. Toutefois, afin de déterminer ce qui fonctionne et ce qui ne fonctionne pas, il sera nécessaire d'entreprendre davantage d'expérimentations ainsi qu'une évaluation plus rigoureuse.

PERSPECTIVES

Les grands chocs climatiques dans la Corne de l'Afrique sont inévitables contrairement à la vulnérabilité des hommes à ces chocs. Promouvoir le changement social, économique et écologique dans la région pourrait renforcer la résilience et atténuer les chocs à évolution lente qui compromettent également les progrès dans la Corne. Pour parvenir à cette résilience, il sera nécessaire d'investir à la fois dans les secteurs pastoraux et non pastoraux, de rapidement développer les infrastructures et le capital humain, d'améliorer les synergies en matière de gestion des risques de catastrophe et d'interventions de développement, et renforcer la gouvernance et les efforts de résolution de conflits. Les instruments précis nécessaires à la réalisation de ces résultats sont moins évidents, mais ils doivent inévitablement être le produit de l'innovation, de l'expérimentation, et surtout l'engagement politique. ■

Chapitre 4

CHANGEMENT CLIMATIQUE ET AGRICULTURE

Des progrès timides et de nouvelles preuves indubitables

Gerald C. Nelson et Tolulope Olofinbiyi, IFPRI

L'ANNÉE 2011 NOUS A APPORTÉ DE BONNES ET DE mauvaises nouvelles sur le changement climatique et l'agriculture. Les bonnes nouvelles sont qu'à la suite de la conférence de Cancún en décembre 2010, les premiers jalons vers le rétablissement de la confiance dans les négociations des Nations Unies sur le changement climatique ont été posés et les progrès se sont ensuite poursuivis en 2011 à la conférence de Durban. En dehors du processus officiel des négociations, beaucoup de pays ont commencé à mettre en place leurs propres mécanismes pour réduire les émissions de gaz à effet de serre et s'adapter à certains changements climatiques qui semblent de plus en plus inévitables.

Pour ce qui est des mauvaises nouvelles, il apparaît de plus en plus clairement que le changement climatique affecte déjà la productivité agricole[1] et exercera une pression croissante sur l'agriculture dans les décennies à venir. Les événements météorologiques qui ont marqué 2011 à travers la planète laissent entrevoir les défis que le changement climatique va poser. Partout dans le monde, les agriculteurs devront s'adapter à des régimes de températures plus élevées et de précipitations changeantes. De plus, la variabilité du climat influencera probablement la production alimentaire mondiale et ne fera qu'aggraver les problèmes actuels de pauvreté, d'insécurité alimentaire et de malnutrition. Par ailleurs, après une diminution à l'aube de la crise financière mondiale, les émissions de gaz à effet de serre remontent à nouveau en flèche en aggravant la menace du changement climatique sur la sécurité alimentaire.

LENT RÉTABLISSEMENT DE LA CONFIANCE DANS LES NÉGOCIATIONS INTERNATIONALES

Les délégués auprès de la Convention-cadre des Nations Unies sur les changements climatiques sont arrivés à Copenhague en décembre 2009 avec l'optimisme de voir aboutir un accord sur la réduction des gaz à effet de serre ainsi qu'une aide financière aux pays en développement en vue de leur adaptation au changement climatique. L'arrivée des principaux dirigeants mondiaux était prévue pour la deuxième semaine, afin qu'ils puissent participer aux négociations politiques finales pour la conclusion de cet accord. Cependant, à la deuxième semaine des négociations,

ENCADRÉ 5

De meilleurs outils pour la lutte contre le changement climatique

Bruce Campbell, programme de recherches sur le changement climatique, l'agriculture et la sécurité alimentaire de la CGIAR

Les agriculteurs et les responsables politiques des pays en développement ont besoin d'appui dans leur lutte pour l'adaptation aux changements des conditions climatiques dans le monde. Ils ont besoin d'éléments pour juger de la pertinence des diverses stratégies et politiques. Fournir cet appui sous la forme de données probantes : tel est le but du Programme de recherches sur le changement climatique, l'agriculture et la sécurité alimentaire du GCRAI (CCAFS), qui est pleinement opérationnel depuis 2011. Inévitablement, l'adaptation au changement climatique impliquera de complexes compromis entre la sécurité alimentaire, les moyens de subsistance et l'environnement, aussi bien au niveau des collectivités que dans les cercles du pouvoir. Des recherches bien conçues aideront les responsables politiques, les agriculteurs et tous ceux qui sont touchés par le changement climatique à comprendre les implications de leurs décisions dans les compromis difficiles.

Le changement climatique progressif menace les agriculteurs des pays en développement, qui doivent adapter leurs pratiques agricoles aux changements à venir afin de pouvoir survivre. Les études des chercheurs du programme CCFAS publiées dans le livre « Crop Adaptation to Climate Change » (Adaptation des cultures au changement climatique) décrivent comment le changement climatique pourrait menacer d'importantes cultures alimentaires notamment de pommes de terre, haricots, bananes et manioc, et comment des stratégies d'adaptation spécifiques, comme le développement de nouvelles variétés, pourraient en neutraliser l'impact ou, tout au moins, le réduire sensiblement.[1] Dans le cadre des travaux du programme pour l'adaptation par la gestion des risques climatiques, les chercheurs forment des agriculteurs à l'interprétation des prévisions climatiques saisonnières en Afrique de l'Est et de l'Ouest. Les chercheurs du programme ont également rédigé une étude intitulée « Mapping Hotspots of Climate Change and Food Insecurity in the Global Tropics » (Cartographie des points chauds du changement climatique et de l'insécurité alimentaire dans l'ensemble des régions tropicales) avec pour objectif d'identifier les zones d'insécurité alimentaire les plus vulnérables aux impacts du changement climatique futur, sur l'ensemble des régions prioritaires pour les centres du GCRAI.[2] Un atelier et une série d'articles ont examiné comment de nouvelles institutions, de nouvelles dispositions sur les droits fonciers et de nouvelles technologies agricoles peuvent améliorer les moyens de subsistance et réduire les émissions de gaz à effet de serre.[3] Dans le cadre des travaux en cours sur les questions de genre, le programme a accordé des bourses à six chercheuses qui, dans les régions cibles du programme, étudient les liens existants entre le genre, le changement climatique, l'agriculture et la sécurité alimentaire.[4]

En 2011, le changement climatique figurait dans la liste d'activités de nombreuses institutions internationales, et à l'ordre du jour de deux grandes conférences : la Convention-Cadre des Nations Unies sur le changement climatique tenue à Durban (Afrique du Sud), et la Conférence internationale sur le changement climatique et la sécurité alimentaire de Pékin (Chine). Des organisations agricoles clés (dont le Programme, la Banque mondiale et le FIDA) ont coordonné la Journée du développement agricole et rural, un événement parallèle à la conférence des Nations Unies qui s'est centré sur la mobilisation de l'appui international à l'élaboration d'un nouveau programme de travail sur l'adaptation de l'agriculture au changement climatique et sur l'atténuation de celui-ci.

L'axe de travail du programme en 2011 a été de répertorier et de développer les stratégies de recherche en la matière susceptibles d'exercer le plus grand impact. Par exemple, les chercheurs ont mis en œuvre une enquête initiale de référence sur la sécurité alimentaire et l'adaptation au climat, portant sur plus de 5 000 ménages dans plus de 250 villages répartis sur 36 régions de 12 pays d'Afrique de l'Est et de l'Ouest et du sud de l'Asie.[5] Les données recueillies l'an dernier fourniront aux responsables des résultats fondés, ainsi que des outils pratiques pour la conception et la mise à l'essai de démarches d'adaptation et d'atténuation. Lorsqu'ils auront terminé leur travail, les chercheurs pourront faire part de l'éventuel succès de l'une ou l'autre technique. Le Programme a également créé le réseau de connaissances sur l'adaptation au changement climatique et sur son atténuation, un service d'informations et un outil clé pour les professionnels, les bailleurs de fonds, les responsables politiques et les chercheurs impliqués dans la sécurité alimentaire et le changement climatique. Ce réseau est une plateforme en ligne organisée selon des critères géographiques qui rassemble les informations climatiques, agricoles et socioéconomiques et utilise les ressources multimédia pour partager des histoires d'agriculteurs vivant sur les sites de la recherche à travers l'ensemble des régions tropicales.

Le changement climatique touche l'agriculture et la sécurité alimentaire de manière très diverse, c'est pourquoi le choix des meilleures techniques d'atténuation et d'adaptation exige des recherches approfondies. Le programme de recherche sur le changement climatique, l'agriculture et la sécurité alimentaire du CGIAR a permis de recueillir d'importants éléments d'appréciation en 2011, mais ce n'est là que le début d'une entreprise qui, au-delà d'être un simple programme de recherches, doit appréhender la complexité du changement climatique dans toute son étendue et sa profondeur.

aucun accord n'était atteint. L'arrivée imminente de plusieurs dirigeants politiques le vendredi, jour officiel de la clôture, ont obligé les négociateurs à engager des discussions de très haut niveau pour donner forme à un semblant d'accord. Après plusieurs nuits blanches, les négociateurs ont rédigé un document plus communément connu comme « accord de Copenhague » issu de plusieurs réunions de haut niveau. Cet accord avait un objectif fondamental : maintenir la hausse moyenne de la température de la planète en dessous de 2 °C. Il prévoyait une aide de 10 milliards de dollars EU par an sur trois ans de la part des pays développés afin de soutenir l'adaptation des pays pauvres au changement climatique, et ensuite de 100 milliards de dollars EU par an jusqu'en 2020. Cependant, en l'absence de cadre contraignant, il est encore incertain que ces engagements ont été ou seront tenus.

Bien que les négociations de Copenhague aient été, dans l'ensemble, un échec, elles ont marqué le début d'un effort visant à intégrer de manière officielle l'agriculture dans les conclusions à l'issue des négociations. La première Journée du développement agricole et rural a permis de réunir tous ceux qui se soucient des défis que le changement climatique pose à l'agriculture. C'est au cours de cette première journée que des badges portant le slogan « Pas d'agriculture, pas d'accord » ont fait leur apparition et sont, depuis, de plus en plus fréquents lors des négociations des Nations Unies.

Lors de la convention l'année suivante, les délégués sont arrivés à Cancún à la fin novembre 2010 avec des attentes grandement amoindries et aucun espoir de participation d'un grand nombre de chefs d'État. Malgré de faibles attentes au départ, les impacts ultérieurs ont été substantiels. Les négociateurs ont adopté un ensemble de documents communément appelé « accord (ou accords) de Cancún ». Parmi les points importants, on retrouve la réaffirmation de l'objectif des 2 °C comme limite à la hausse de la température, le perfectionnement des critères de reporting et le lancement d'un processus pour la mise en place d'un Fonds vert pour le climat. Lors de la deuxième journée du développement agricole et rural, on a vu les délégués insister auprès des négociateurs pour intégrer de façon officielle l'agriculture dans les conclusions des négociations et réclamer l'adoption d'un programme de travail officiel sur l'agriculture. Malheureusement, le programme de travail s'est volatilisé vers les derniers jours des négociations, pris dans un tissu de divergences sur la question de savoir s'il fallait traiter séparément les différents secteurs, certains négociateurs estimant qu'un tel programme se centrerait sur l'atténuation en ignorant l'adaptation.

La session de négociations de 2011 à Durban a été jugée comme particulièrement importante pour l'Afrique, dans la mesure où si ces négociations se traduisent par un succès, ce sera tout à l'honneur du continent africain qui semblablement sera le plus touché par le changement climatique[2] et aurait donc beaucoup à gagner d'une réussite. Un des principaux défis était l'expiration imminente du protocole de Kyoto en 2012. Ce protocole établissait des objectifs contraignants en ce qui concerne les émissions pour la plupart des pays développés (les États-Unis n'étant pas soumis à ces engagements car ils ne sont pas signataires). Sans une prorogation du protocole, les pays concernés ne seraient plus juridiquement tenus de réduire leurs émissions.

Avec l'agriculture africaine particulièrement menacée par le changement climatique, des efforts considérables ont été déployés pour convaincre les négociateurs d'inclure un programme officiel de travail sur l'agriculture. Les activités de la troisième Journée du développement agricole et rural ont été organisées autour de cet objectif, et d'importantes personnalités publiques, dont l'ancien secrétaire général des Nations Unies Kofi Annan et le président de l'Afrique du Sud Jacob Zuma, ont exhorté les négociateurs à adopter ce programme.

Bien que les négociations de Copenhague aient été dans l'ensemble un échec, elles ont marqué le début d'un effort visant à intégrer de façon officielle l'agriculture dans les conclusions à l'issue des négociations.

Au dernier vendredi des négociations, rien n'était certain quant à un aboutissement. Mais les négociateurs ont décidé de poursuivre leur travail en enchaînant des nuits blanches de travail jusqu'au dimanche matin. Le résultat stratégique de cet effort porte le nom de « plate-forme de Durban pour une action renforcée ». L'élément clé de cette plateforme est que tous les signataires de Kyoto dont les États-Unis ont convenu de donner forme d'ici 2015 à un traité rassemblant tous les pays développés et en développement, dans un accord juridiquement contraignant à partir de 2020. Pour la première fois, la Chine et l'Inde, deux des plus grands émetteurs de gaz à effet de serre, se sont ralliés à ce principe. Le Fonds vert pour le climat a officiellement été instauré et attend les contributions des pays membres. Une seconde période d'engagement envers le protocole de Kyoto a été adoptée, les objectifs de réduction devant être fixés lors d'une rencontre en 2012. Cependant, le Canada, un des plus importants pays signataires de la première période d'engagement, a annoncé qu'il ne se joindrait pas à la seconde période, et d'autres pays développés ont laissé entendre qu'ils pourraient faire de même. Enfin, si les négociateurs n'ont pas adopté un programme officiel de travail sur l'agriculture, au moins ont-ils approuvé un processus pour la conception d'un tel programme à adopter lors de la session de négociation suivante prévue à Qatar fin novembre 2012.

CAVALIERS SEULS : ON OBSERVE D'IMPORTANTS PROGRÈS EN-DEHORS DES NÉGOCIATIONS OFFICIELLES

Malgré la lenteur des progrès du processus officiel des négociations, des pays de différentes régions du monde ont commencé à allouer des ressources importantes à des activités d'atténuation et d'adaptation de l'agriculture. Ces dernières sont susceptibles de générer d'importants avantages immédiats et de mener à l'avenir à une plus grande résilience.

Inde

L'Inde continue de lancer des programmes d'adaptation à l'échelle de la fédération et des États. Les activités d'adaptation qui se déroulent dans différentes régions du pays comprennent l'amélioration et la diversification des cultures, la préservation des sols, l'aménagement des bassins versants, la gestion des eaux d'irrigation et la gestion des catastrophes, par exemple par des mesures de protection contre la sécheresse et les inondations. Une de ces activités est un projet de bassin versant communautaire, conçu pour l'étude de solutions à faible coût en matière de conservation d'eau visant à améliorer le rendement des cultures en cas de sécheresse dans la communauté de Kothapally à Andhra Pradesh, en Inde. Ce projet à long terme, mis en œuvre par l'Institut international de recherche sur les cultures des zones tropicales semi-arides à la demande du gouvernement d'Andra Pradesh, a été conçu en collaboration avec la communauté et est géré par celle-ci. Une étude d'impact récente montre que les pratiques de gestion des eaux préconisées par le projet peuvent améliorer la capacité d'infiltration et de rétention des eaux par le sol, augmentant ainsi de 10 à 30 % les disponibilités d'eau et contribuent à un rendement plus élevé des cultures. L'étude suggère également que les interventions à grande échelle sur les eaux agricoles peuvent augmenter sensiblement la productivité ainsi que les moyens de subsistance des agriculteurs.[3] Cependant, beaucoup restent à faire pour améliorer l'adaptation des systèmes agricoles en Inde en prévision des menaces du changement climatique sur la productivité. Il est nécessaire d'envisager d'autres stratégies d'adaptation, comme une utilisation plus efficace de l'eau, la promotion de technologies vertes, la modification des systèmes de cultures ou les assurances agricoles. Il faut également intégrer des programmes d'adaptation et d'atténuation dans les stratégies agricoles nationales.

Chine

Le gouvernement chinois, qui a lancé un programme national sur le changement climatique en 2007, a étudié plusieurs stratégies et activités pour aider le secteur agricole à s'adapter à ce changement.[4] Parmi les efforts réalisés, on observe des améliorations dans les infrastructures agricoles et plus d'investissements dans la recherche et le développement de nouvelles technologies. Par exemple, pour améliorer les infrastructures agricoles, le gouvernement a accéléré la construction de systèmes d'irrigation capables d'économiser de l'eau. Dans le cadre de dispositions spéciales de financement établies pour l'adaptation au changement climatique, la Chine a investi dans de nouvelles technologies telles que l'ensemencement des nuages afin d'augmenter les précipitations. Le gouvernement a également renforcé des projets pilotes portant sur différents types de polices d'assurance. Ces efforts n'ont été entrepris que récemment, et leur efficacité n'est donc pas encore documentée et n'a pas été évaluée.

Kenya

Une étude menée récemment dans trois zones agro-écologiques du Kenya fait état de pratiques agricoles « gagnant-gagnant » capables de rapporter des bénéfices en termes d'adaptation, d'atténuation et de rentabilité. Par exemple, lorsque de petits exploitants pauvres ont recours à des pratiques de gestion agricole durable, ils ne font pas qu'augmenter leur résilience devant le changement et la variabilité du climat, ils contribuent aussi directement à la réduction des émissions de gaz à effet de serre et à la hausse de la productivité et de la rentabilité agricoles. On observe notamment que la gestion des nutriments du sol (par la combinaison d'engrais inorganiques, de paillis et de fumier) augmente les rendements, les stocks de carbone du sol et les revenus provenant de la production agricole. De même, l'introduction de fourrages améliorés pour le bétail laitier réduit les émissions de méthane par litre de lait et augmente la rentabilité dans la plupart des régions du Kenya. Ces pratiques améliorées peuvent permettre aux éleveurs de réduire le bétail et de diminuer en général les émissions tout en augmentant la production alimentaire et en renforçant la sécurité alimentaire. Dans les zones arides, les agriculteurs peuvent utiliser les méthodes d'irrigation et de conservation du sol et de l'eau pour maximiser la teneur du sol en carbone et les bénéfices agricoles. Cependant, ces actions « gagnant-gagnant » doivent encore être exploitées de manière stratégique. Pour ce faire, un renforcement des capacités sera nécessaire auprès des décideurs nationaux pour s'assurer

FIGURE 1 **Émissions de dioxyde de carbone dans les pays développés et en développement, 1990–2010 (PgC)**

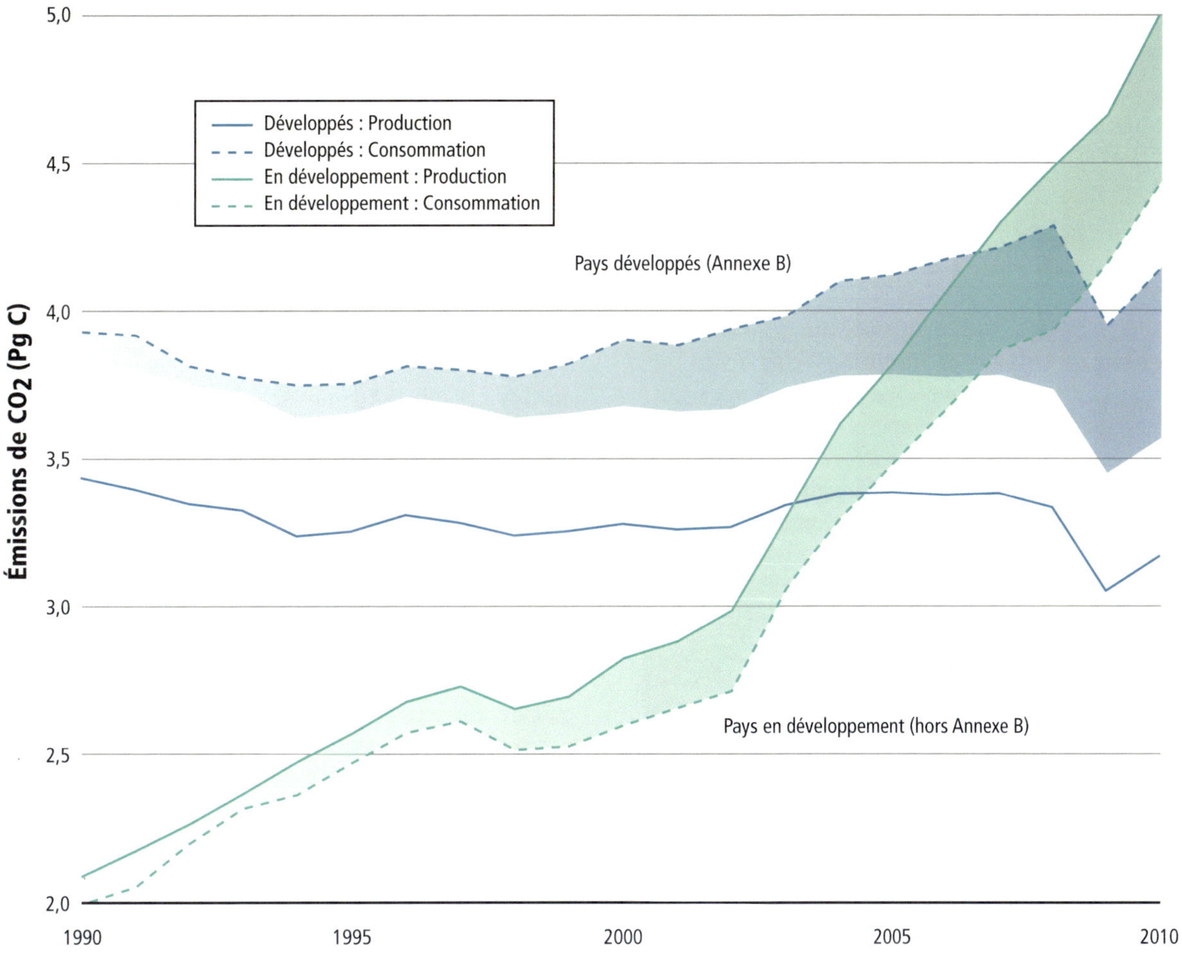

Source: Figure 2 reprise de G. P. Peters, G. Marland, C. Le Quéré, T. Boden, J. G. Canadell, et M. R. Raupach, "Rapid Growth in CO2 Emissions after the 2008–2009 Global Financial Crisis," *Nature Climate Change* 2, no. 1 (2012): 2–4, doi:10.1038/nclimate1332. **Note:** Les émissions de dioxyde de carbone proviennent de combustibles fossiles.

qu'ils incluent l'adaptation au changement climatique et l'atténuation de celui-ci dans leurs stratégies et leurs politiques de productivité agricole et de sécurité alimentaire. Il y aura également lieu d'améliorer l'accès des agriculteurs aux ressources financières, comme les marchés volontaires du carbone et les fonds pour l'adaptation et l'atténuation.[5]

NOUVELLES PREUVES SUR LES MENACES QUE LE CHANGEMENT CLIMATIQUE FAIT PESER SUR L'AGRICULTURE

Pour illustrer les défis de l'atténuation des émissions de gaz à effet de serre, la figure 1 compare les tendances des émissions à l'échelle nationale dans les pays développés et dans les pays en développement. Dans les pays développés, les émissions provenant de la production locale sont restées relativement constantes pendant les 30 dernières années, avec un creux en 2008 correspondant à la réduction de l'activité économique du fait de la crise. Les émissions provenant de la consommation ont continué d'augmenter sous la forme d'émissions liées aux produits importés des pays en développement.

Tout à l'opposé, les émissions des pays en développement ont considérablement augmenté, et dépassé celles des pays développés vers la fin des années 2000. La zone ombrée en vert indique qu'une part significative (et croissante) des émissions des pays en développement provient de la fabrication de produits exportés dans les pays développés, mais que les émissions provenant de la consommation locale

De récentes recherches suggèrent très sérieusement que la hausse des températures et les changements dans les précipitations qui y sont associés ont déjà produit des effets observables sur l'agriculture.

ont dépassé celles de la consommation dans les pays développés. Cela met de plus en plus en évidence qu'il ne faut pas exonérer les pays en développement d'engagements nationaux pour la réduction des émissions, comme c'était le cas dans le protocole de Kyoto. À mesure que les revenus augmentent dans les pays en développement, ceux-ci doivent mettre en œuvre des stratégies pour la réduction des émissions.

Les climatologues croient de plus en plus à la corrélation entre les émissions récentes de gaz à effet de serre, d'origine humaine, et les hausses des températures telles que celles observées en Iowa, au cœur de la « ceinture du maïs » des États-Unis. Des chercheurs ont démontré, à partir d'une analyse statistique détaillée des rendements réels du maïs entre 1950 et 2005[6], que les hautes températures sont une menace pour la production de maïs aux États-Unis. Il en ressort que si la température moyenne en période végétative atteint 28 °C, les rendements sont relativement peu touchés. Par contre, lorsqu'elle dépasse un seuil situé aux environs de 30 °C, les rendements chutent brusquement. Une autre étude, fondée sur un très grand nombre de données expérimentales concernant le maïs et provenant d'essais menés en Afrique subsaharienne par le Centre international pour l'amélioration du maïs et du blé, aboutit à des résultats *grosso modo* comparables.[7] Sous une gestion optimale, lorsque la température moyenne en période végétative est inférieure à 22 °C, une hausse de 1 °C a un effet peu marqué, mais positif sur les rendements. Par contre, dès qu'elle dépasse 25 °C, l'effet devient négatif et provoque une baisse des rendements de l'ordre de 30 %. En période de sécheresse, la baisse des rendements se manifeste déjà à des températures moins élevées et peut dépasser 40 %.

D'autres recherches récentes suggèrent très sérieusement que la hausse des températures dans la seconde moitié du XXe siècle et le début du XXIe, avec les changements dans les précipitations qui y sont associés, produisent déjà des effets observables sur l'agriculture. Si la température en période végétative a peu varié de 1980 à 2008 aux États-Unis, elle a connu par contre une brusque hausse dans d'autres parties du monde, en particulier en Chine et en Europe (figure 2).

Les conséquences de ces différences dans la hausse des températures se traduisent visiblement par des changements dans les rendements (figure 3). Pour ce qui est du maïs, le changement climatique n'a pas sensiblement affecté les tendances des rendements aux

FIGURE 2 Évolution des températures au cours de la saison de croissance, 1980–2008

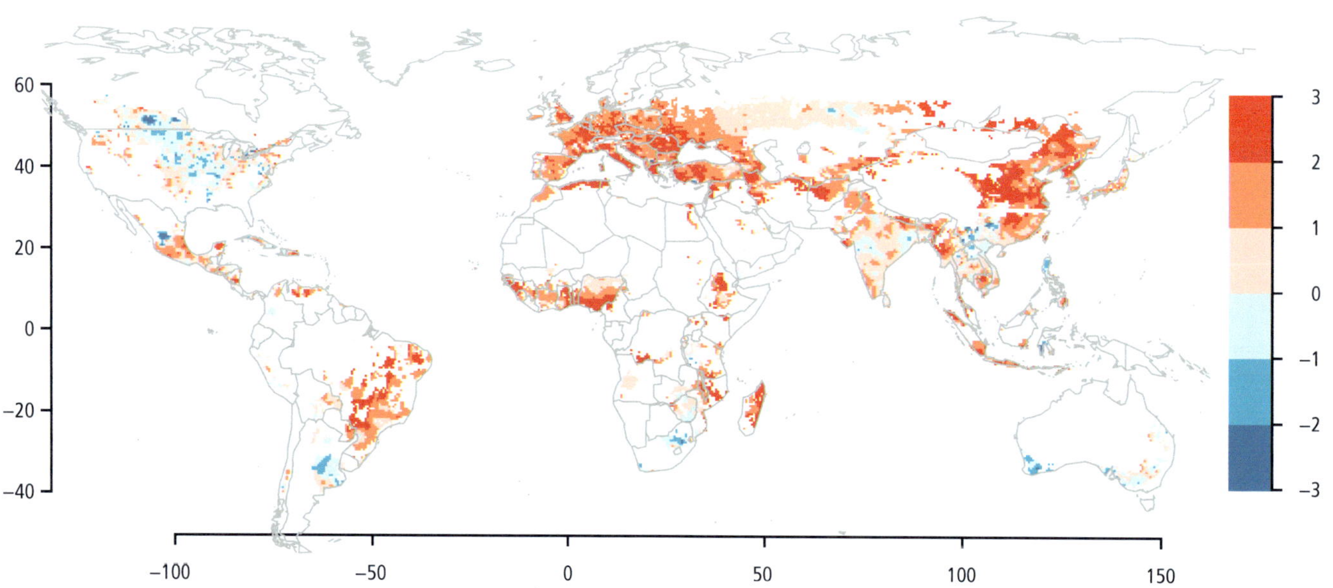

Source: Figure 1 reprise de D. B. Lobell, W. Schlenker, et J. Costa-Roberts, "Climate Trends and Global Crop Production since 1980," *Science* 333, no. 6042 (2011): 616–620, doi:10.1126/science.1204531.

FIGURE 3 **Estimations de l'incidence nette de l'évolution du climat au cours de la période 1980–2008 sur les rendements des cultures, divisées par l'évolution d'ensemble du rendement**

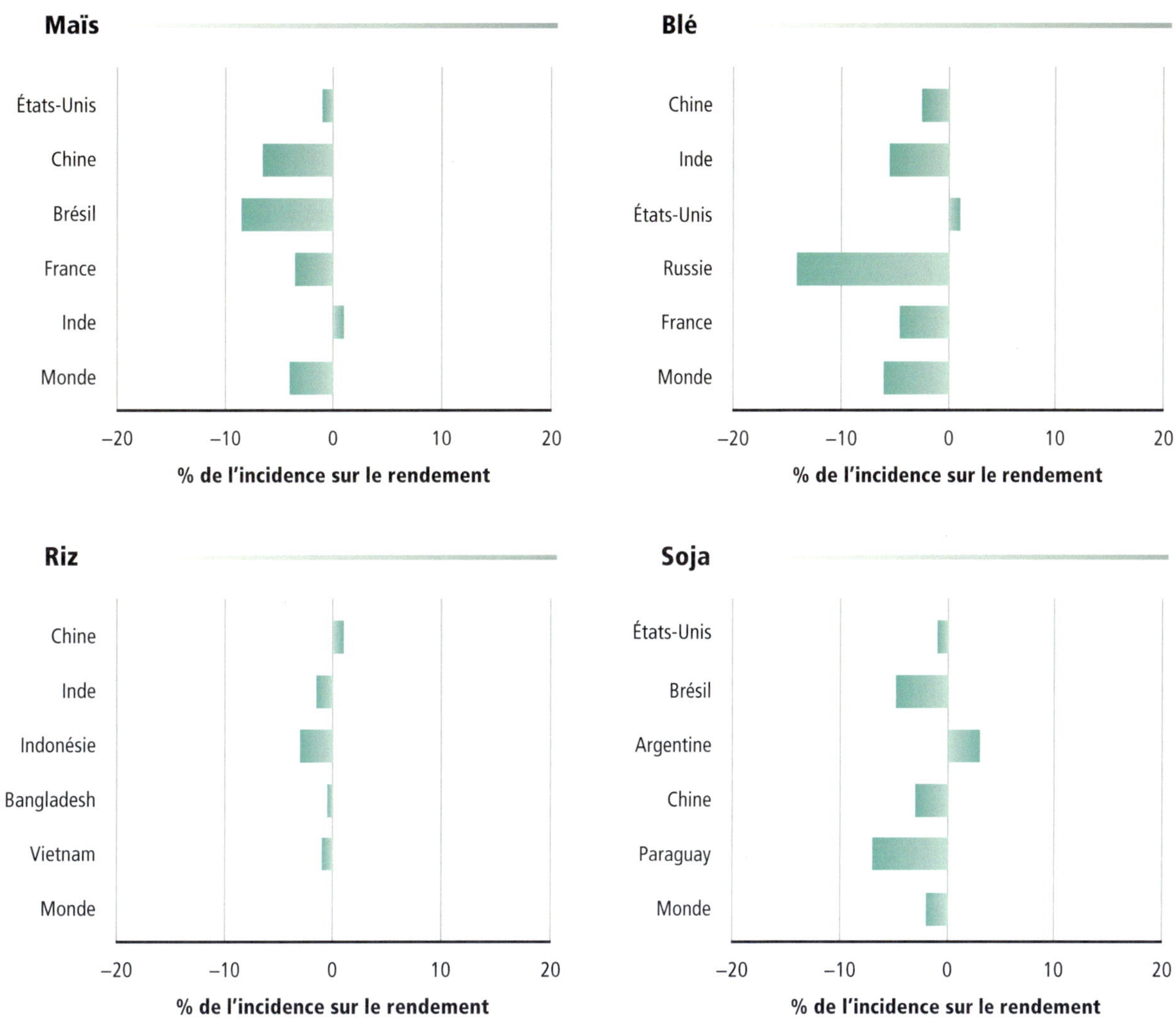

Source: Figure 3 reprise de D. B. Lobell, W. Schlenker, et J. Costa-Roberts, "Climate Trends and Global Crop Production since 1980," *Science* 333, no. 6042 (2011): 616–620, doi:10.1126/science.1204531.

États-Unis ; il a par contre freiné de façon considérable la croissance de ceux-ci au Brésil, en Chine et en France. Cependant, dans certains pays, les températures plus élevées ont favorisé la production agricole régionale. Les zones de cultures se sont déplacées vers le nord dans le cas du maïs aux États-Unis, du riz en Chine et du blé en Russie.

LE DÉFI EN MATIÈRE DE SÉCURITÉ ALIMENTAIRE

Les modifications thermiques et pluviométriques exactes que va provoquer le changement climatique sont encore incertaines, de même que le contexte dans lequel elles se produiront. Il est donc critique, lors de l'élaboration de politiques capables de protéger les populations vulnérables au changement climatique et d'augmenter les chances de succès en matière de sécurité alimentaire durable, de bien comprendre les impacts de ce changement selon différents scénarios. La figure 4 montre comment le changement climatique pourrait menacer la sécurité alimentaire et montre la disponibilité calorique moyenne par personne et par jour (une mesure imparfaite de la disponibilité d'aliments) selon une gamme de scénarios de changement climatique et deux scénarios généraux décrivant des contextes de développement. Le scénario optimiste suppose une croissance importante des revenus et une

FIGURE 4 Scénarios de changement climatique et de sécurité alimentaire

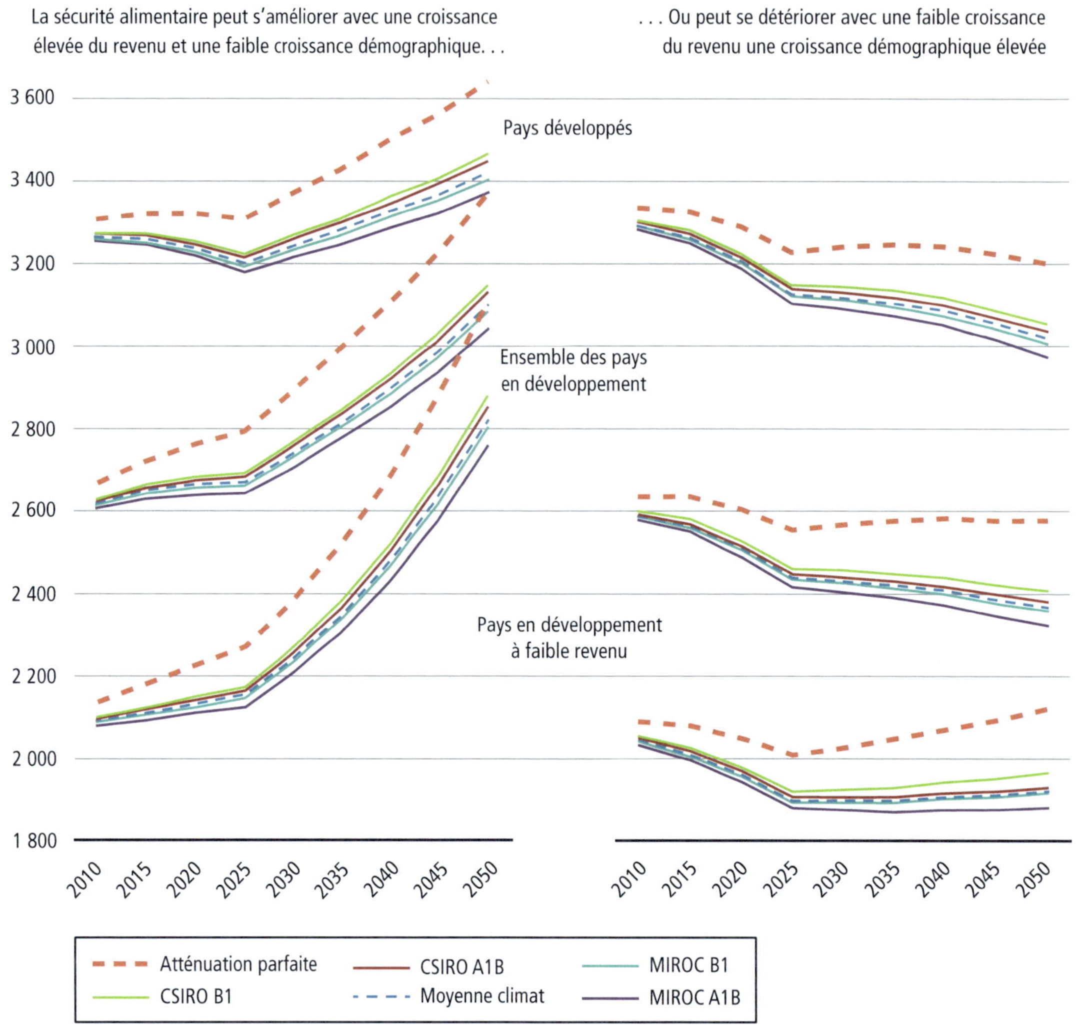

Source: Figure 3.1 reprise de G. C. Nelson, M. W. Rosegrant, A. Palazzo, I. Gray, C. Ingersoll, R. Robertson, S. Tokgoz, et al., *Food Security, Farming, and Climate Change to 2050: Scenarios, Results, Policy Options,* IFPRI Research Monograph (Washington, DC: Institut international de recherche sur les politiques alimentaires, 2010). **Notes:** Les lignes rouges en pointillés montrent la disponibilité de calories dans un scénario invraisemblable d'atténuation parfaite (c'est-à-dire, arrêt immédiat de toutes les émissions et de la dynamique existante du système climatique). Les lignes continues de différentes couleurs reflètent les impacts de résultats climatologiques plausibles produits par deux modèles de circulation générale, chacun sous deux scénarios, et tirés du *Rapport spécial sur les scénarios d'émissions du Groupe intergouvernemental d'experts sur l'évolution du climat.* Le changement des valeurs en 2025 reflète l'hypothèse que l'éthanol produit à partir du maïs sera remplacé par de l'éthanol cellulosique aux environs de 2025. Ce changement réduira la demande de maïs, abaissera son prix et produira plus de calories pour consommation humaine.

faible croissance démographique, amenant une situation de développement durable. Le scénario pessimiste part d'une faible croissance des revenus et d'un important accroissement de la population.

Les résultats de la figure 4 font ressortir trois messages. Le premier, que le développement durable envisagé dans le scénario optimiste est un facteur clé pour l'amélioration du bien être des plus défavorisés. Avec le développement durable, la disponibilité calorique augmente fortement dans les 40 pays ayant actuellement les plus faibles revenus. Le deuxième, que le changement climatique réduit sensiblement la disponibilité calorique dans l'ensemble du monde, comme le montre l'écart entre le scénario de parfaite atténuation et les autres de changement climatique. Le dernier, que même si les différents scénarios de changement climatique entraînent des conséquences nettement différentes sur la productivité agricole, les résultats finaux en termes de disponibilité de calories sont semblables. Ces résultats découlent des énormes différences dans le flux des échanges commerciaux d'un scénario à l'autre. Donc, un commerce international relativement ouvert sera un facteur décisif dans l'adaptation au changement climatique.

L'augmentation rapide des émissions de gaz à effet de serre, surtout dans les pays développés, jointe à des preuves de plus en plus concluantes des effets défavorables du changement climatique sur l'agriculture, à la probabilité d'effets non linéaires de la température sur les rendements et aux indices d'un mal supplémentaire, celui de la multiplication des événements météorologiques extrêmes, suggère une très grave menace contre la sécurité alimentaire durable. Le redoublement des efforts pour la réduction des émissions de gaz à effet de serre ; l'insistance dans le développement de variétés de cultures et de bétail mieux adaptées ; et des systèmes de gestion qui restent productifs sous de plus hautes températures et malgré de plus fréquentes situations extrêmes de température et de précipitations, sont des facteurs décisifs. En 2011, le dossier des preuves relatives aux menaces que le changement climatique fait peser sur la sécurité alimentaire, est de plus en plus solide. Le défi consiste à trouver les ressources pour faire face aux problèmes avant qu'ils ne nous submergent. ■

BIOCARBURANTS, ENVIRONNEMENT ET ALIMENTATION

L'histoire se complique

David Laborde et Siwa Msangi, IFPRI

LES DÉBATS SUR LES BIOCARBURANTS EN 2011 ont reflété la complexité croissante du problème au cours des dix dernières années. À l'origine, mise en avant comme une façon de réduire la dépendance aux carburants fossiles, avec l'avantage d'éviter les émissions de carbone, la production de biocarburant est maintenant largement reconnue comme ayant des liens très étroits avec les marchés agricoles et même avec l'aménagement des sols. La première génération de biocarburants commercialisée à l'heure actuelle, les biodiesels produits à partir d'huile végétale et éthanol à partir de la canne à sucre ou du maïs, sont les plus étroitement liés aux marchés agricoles et à l'aménagement des sols, même s'il existe d'autres sous-produits importants pouvant aussi être utilisés pour compenser ces effets. Étant donné les zones d'incertitude scientifique qui persistent autour de l'impact des biocarburants sur la sécurité alimentaire et l'environnement, la prise de décision est devenue complexe et même dans certains cas, une source de controverses.

Près d'une dizaine d'institutions internationales se sont réunies en 2011 pour publier un rapport conjoint traitant de la question des biocarburants et des prix alimentaires, et ont appelé à supprimer les différences de politiques en matière de biocarburants, particulièrement lorsque les avantages environnementaux ne sont pas aussi importants qu'escompté.[1] Le Groupe des 20 (G20) a aussi soulevé en 2011 la question des biocarburants qui reflète la préoccupation plus générale du G20 liée à la sécurité alimentaire. Les pays du G20 ont reconnu le besoin d'examiner le rôle des biocarburants dans la volatilité des prix alimentaires, et de revoir les mandats en matière de biocarburants lorsque les conditions du marché justifient des interventions. Ils n'ont toutefois pas formulé de positions plus définitives concernant les biocarburants et leurs relations avec les prix alimentaires en raison de différends entre les grands producteurs (comme le Brésil) et les importateurs alimentaires nets (comme la Chine) sur l'importance de ces relations.[2] Le rôle des mesures de soutien aux secteurs domestiques des biocarburants — sous la forme de crédits d'impôt, de subventions, et de taxes indirectes visant l'éthanol importé (pour les États-Unis et l'Union Européenne) — demeure un sujet de préoccupation pour les acteurs clés.

Effectivement, les pays clés affichent différentes préférences sociales dans le traitement de la question épineuse des relations alimentation-carburant, en fonction de leurs propres dynamiques de l'offre et de la demande du secteur agricole. Au Brésil, la flexibilité des usines sucres-éthanols permet aux producteurs d'alterner facilement la production d'éthanol et de sucre en fonction des conditions dominantes du marché pour l'alimentation (sucre) et le carburant (éthanol/essence) et leur fournit tout au long de l'année des produits constants pour leur chaîne d'approvisionnement. Depuis 2008, le Brésil a réduit ses exportations d'éthanol sur le marché mondial, en partie en raison d'une hausse de la production et des exportations des États-Unis, une demande en sucre plus grande de la part de grands consommateurs comme l'Inde, et des prix élevés et non compétitifs de son marché intérieur de l'éthanol.[3] En conséquence, le Brésil a importé de l'éthanol des États-Unis en 2010 et 2011, donnant un coup d'accélérateur aux revenus des États-Unis en matière de biocarburants, et rendant sans importance les taxes indirectes des États-Unis à l'encontre des importations d'éthanol brésilien.

Au cours des cinq dernières années, la Chine s'est retirée d'un développement agressif de la production de biocarburants en raison de préoccupations relatives au marché intérieur et aux prix des céréales. La production chinoise de biocarburants a démarré rapidement avec la construction en 2001 de quatre usines de production d'éthanol appartenant à l'État. En 2007, la Chine avait produit un total de 1,35 million de tonnes d'éthanol, la plaçant au troisième rang mondial. À ce stade, cette rapide ascension a été interrompue et l'utilisation des céréales dans la production de biocarburants a été limitée.[4]

Malgré l'attention portée aux impacts des biocarburants sur la sécurité alimentaire, en 2011, la majeure partie des discussions de politiques sur les biocarburants a été consacrée aux préoccupations environnementales.[5] Les marchés internationaux des biocarburants sont dominés par l'Union européenne, le plus gros consommateur et les États-Unis, le plus gros producteur de biodiesel et d'éthanol. Tandis qu'aucun n'a adopté de changements majeurs de politique en 2011, l'année a tout de même vu un débat intense, préparant la voie à des décisions potentiellement importantes en 2012. Bien que le débat sur la politique à mener ait porté principalement sur l'environnement, toute prise de décision concernant la production de biocarburant aura des implications sur les marchés alimentaires mondiaux, étant donné le volume de matières premières à base de produits agricoles converti chaque année.

UNION EUROPÉENNE

Au sein de l'Union européenne, la consommation de biocarburants est au cœur d'une décision visant à réduire les émissions de gaz à effet de serre du secteur des transports par le remplacement des carburants fossiles par les énergies renouvelables. En 2003, une directive de l'Union européenne a fixé pour 2010 un objectif de 5,75 % d'utilisation d'énergie renouvelable dans le secteur des transports. En 2009, L'Union européenne a adopté la directive sur les énergies renouvelables qui fixe pour 2020 un objectif de 10 %. Bien que l'on puisse compter l'électricité, l'hydrogène, ou la deuxième génération de biocarburants (c'est-à-dire éthanol et biodiesel produits à partir de matières premières non alimentaires tels que les débris agricoles et le panic érigé) parmi les énergies renouvelables, la source principale pour atteindre cet objectif est, et demeurera, les biocarburants de première génération.

La directive a aussi établi des critères de durabilité pour les biocarburants, dont un taux minimum de réductions d'émissions directes de gaz à effet de serre (35 % en 2009, jusqu'à 50 % en 2017) ainsi que des restrictions sur les types de terres pouvant être convertis à la production de matières premières destinées aux biocarburants. Cette restriction concerne seulement les changements directs dans l'aménagement des sols. La Directive sur la qualité du carburant révisée, adoptée en même temps que la Directive Énergie Renouvelable, est plus technique et comprend des critères de durabilité identiques, et vise une réduction de 6 % en 2020 des émissions de gaz à effet de serre des carburants utilisés dans les transports.

Puisque l'unique objectif de la politique européenne en matière de biocarburants est la réduction des émissions, les législateurs ont accordé une haute priorité à l'évaluation correcte du bilan d'émissions de gaz à effet de serre des biocarburants. Une telle évaluation prendrait en compte la reconversion des terres pour la production de biocarburant, laquelle peut inverser la conclusion sur la capacité des biocarburants à réduire les émissions de carbone.[6] Les changements dans l'aménagement des sols surviennent lorsque les agriculteurs, dans leur pays ou à l'étranger, remplacent une production traditionnellement consacrée à l'alimentation humaine et animale par une production de cultures pour biocarburants ou lorsqu'ils convertissent directement des espaces naturels en terre agricole. Ces changements sont considérés comme directs, si les agriculteurs convertissent des espaces naturels directement en terres agricoles pour la culture des matières premières destinées aux biocarburants dans le pays producteur de biocarburants. D'autre part, les changements dans l'aménagement des sols sont considérés comme indirects, si les variations des prix du marché induisent l'expansion d'une autre production vers l'espace naturel ou si une réduction des exportations en provenance du pays producteur de biocarburants (tel que le maïs des États-Unis) conduit les agriculteurs d'autres pays à convertir des espaces naturels en terre agricole pour augmenter la production de ces cultures (ou d'autres). Étant donné la nature complexe des liens entre marché intérieur et international, les changements indirects dans l'aménagement des sols sont beaucoup plus difficiles à vérifier et à observer que des conversions directes. C'est pourquoi le Conseil européen (représentant les gouvernements des états membres) et le Parlement ont demandé en 2009 à la Commission européenne d'examiner la question du changement indirect dans l'aménagement des sols, y compris de possibles mesures pour l'éviter, et de formuler en retour un rapport sur la question pour la fin de l'année 2010.

La Commission a alors lancé quatre études pour examiner les questions de changement indirect. L'une des études, conduite par l'Institut international de recherche sur les politiques alimentaires (IFPRI), a analysé l'impact du mandat européen en matière de biocarburants et des changements possibles dans les politiques commerciales européennes relatives aux biocarburants sur la production agricole mondiale, ainsi que la performance environnementale de la politique de l'UE relative aux biocarburants, telle que formulée dans la Directive sur les énergies renouvelables.[7] Le rapport a suggéré qu'un changement indirect dans l'utilisation des sols était une préoccupation légitime, mais qu'il y avait de nombreuses incertitudes quant à son ampleur. À la suite de ces recherches et d'une consultation publique, un rapport de la Commission publié en décembre 2010 reconnait qu'un changement indirect dans l'utilisation des sols pouvait réduire les diminutions d'émissions de gaz à effet de serre liées aux biocarburants. Toutefois, en raison des nombreuses incertitudes, la Commission n'a pas fourni de recommandation claire quant à savoir si, et comment, une mesure d'un changement indirect d'occupation des sols devrait être intégrée dans le cadre législatif. La Commission a annoncé que de nouvelles recherches seraient menées et qu'un rapport d'étude d'impact proposerait plusieurs options en matière de politique.

Dans le courant de 2011, les discussions se sont intensifiées. Par ailleurs, les producteurs de biocarburants ont refusé le concept de changement indirect de l'aménagement des sols affirmant que le débat et l'incertitude concernant la future législation décourageaient les investissements et étaient onéreux pour l'économie européenne, de même que pour la stratégie relative au changement climatique. En outre, de nombreux membres de la communauté scientifique européenne et des observateurs américains ont demandé à la Commission de reconsidérer sa position concernant les biocarburants et d'éviter des erreurs de comptage d'émissions liées aux biocarburants. Des groupes non-gouvernementaux et environnementaux ont activement souligné les risques sociaux associés liés aux biocarburants (tels que l'« appropriation de terre » et la concurrence entre usage alimentaire et énergétique) de même que les risques environnementaux (tels qu'une augmentation des émissions).En fin 2011, la Commission européenne n'avait pas encore publié son rapport d'évaluation d'impact, mais a publié en octobre un nouvel exercice de modélisation mené par l'IFPRI sur la question de l'aménagement des sols.[8] Les avantages des biocarburants de première génération étant largement controversés, la Commission a aussi indiqué qu'elle n'apporterait plus son soutien à des projets de biocarburants dans le cadre de ses politiques de développement à l'étranger.

ÉTATS-UNIS

Aux États-Unis, les discussions relatives aux biocarburants ont lieu à deux niveaux. Au niveau fédéral, l'Agence américaine de protection de l'environnement (EPA) réglemente les mélanges de biocarburants à travers la Norme sur les carburants renouvelables. Au niveau des Etats, quelques Etats ambitieux ont mis en place leur propres politiques des biocarburants (telles que la Norme californienne sur les carburants à faible teneur en carbone) visant à améliorer la Norme sur les carburants renouvelables en termes de performance environnementale.

L'année 2011 a été marquée par de nombreux débats au niveau fédéral portant sur la question de l'abrogation ou non du crédit de droits d'accise, également appelé l'éthanol volumétrique taxe d'accise de crédit. Dans une atmosphère d'austérité fiscale croissante aux États-Unis, une alliance inhabituelle entre conservateurs fiscaux et sociaux et opposants écologiques aux biocarburants a émergé autour de la question de l'abrogation du crédit de droit d'accise. Des chercheurs ont souligné les pertes sociales et les pertes en efficacité qui interviennent lorsqu'un tel crédit est associé à un mandat relatif aux mélanges faisant partie de la politique fédérale relative à la Norme sur les carburants renouvelables.[9] Des inquiétudes de sécurité alimentaire ont été exprimées quant aux effets des crédits de droits d'accise et des subventions pour la production de biocarburants et, en retour, sur le niveau et la stabilité des prix agricoles et des denrées alimentaires.[10] Toutefois, certains estiment que les prix de l'énergie se sont dans le passé révélés comme étant de meilleurs moteurs de croissance pour le secteur des biocarburants que les crédits de droits d'accise à eux seuls.[11]

Que se passerait-il si l'actuelle Norme sur les carburants renouvelables était remplacée par (ou complétée par) une politique axée sur la diminution de l'intensité carbone du carburant, sur le modèle de la norme californienne sur le carburant à faible teneur en carbone ? La différence essentielle entre les deux politiques concerne les incitations aux producteurs et aux mélangeurs. Vu que la norme sur les carburants renouvelables accorde des crédits sur la base de la production et du mélange d'éthanol et de biodiesel, il récompense la production de biocarburants sans se soucier de savoir si, et en quelle quantité, cette production réduit les émissions carbone. En revanche, la norme sur le carburant à faible teneur en carbone prévoit des crédits aux mélangeurs qui atteignent un niveau d'intensité carbone réduit du carburant mélangé. Il s'agit donc d'une incitation directe en vue de réduire l'intensité carbone dans les transports et les autres carburants. La politique californienne favorise par exemple l'éthanol à base de sucre et les biocarburants de deuxième génération à partir de sources cellulosiques, telles que le panic érigé et *miscanthus*, par rapport à l'éthanol à base de maïs actuellement favorisé aux termes de la politique nationale.[12]

Si une politique semblable à la norme sur le carburant à faible teneur en carbone destinée à réduire l'intensité carbone de 15 %, était adoptée au plan national et utilisée pour compléter la Norme actuelle sur les carburants renouvelables, des simulations montrent que la quantité d'éthanol à base de maïs produit et consommé aux États-Unis chuterait de 11,8 milliards de litres d'ici 2035, alors que dans le même temps, l'éthanol provenant de productions cellulosiques augmenteraient de 12,5 milliards de litres d'ici à la même année.[13] Un tel mouvement pourrait avoir d'importantes implications pour les marchés internationaux et un éventuel changement dans l'utilisation des sols à l'extérieur des États-Unis.[14]

À présent, un certain nombre d'initiatives et d'études sont conduites aux États-Unis pour voir s'il est possible d'étendre une politique semblable à celle de Californie sur une base régionale plus large. Une politique nationale à faible émission de carbone devrait prendre en compte les différentes demandes en carburant des différentes sous-régions du pays, de façon à aboutir à une norme qui puisse à la fois conduire à une réduction de l'utilisation de carburants à forte teneur en carbone, et répondre aux préoccupations relatives à la sécurité énergétique et la disponibilité, qui sont des points essentiels du débat américain sur la politique énergétique.

TABLE RONDE EN FAVEUR DES BIOCARBURANTS DURABLES

Au sein de la communauté internationale au sens large, des efforts visant à promouvoir la production durable de biocarburants et à fournir aux producteurs des recommandations et des incitations ont été déployés pour s'assurer que les biocarburants aient une plus faible teneur en carbone que des carburants fossiles équivalents et soient conformes aux normes internationales en matière de travail décent et de compensation équitable. Suivant l'exemple d'autres initiatives en faveur d'une production durable, la Table Ronde en faveur des biocarburants durables a vu le jour en 2011 comme mécanisme de certification pour les producteurs de biocarburant qui adhèrent aux normes de faible impact environnemental et de pratiques équitables dans le travail. Cette certification leur permet de recevoir une prime semblable à celle des producteurs de café du commerce équitable. La Table Ronde a été conçue de façon à rendre les normes nécessaires pour atteindre le statut « durable » officiel conformes à celles en application dans le cadre des biocarburants importés en Europe aux termes de la Directive sur les énergies renouvelables. Au fil du temps, la Table Ronde consacrée aux normes de biocarburants durables pourrait progresser et encourager les producteurs de biocarburants à réduire encore davantage l'intensité carbone; elles pourraient aussi inclure les effets environnementaux indirects des biocarburants, particulièrement ceux liés aux changements de l'aménagement et de couverture des sols.

VERS L'AVENIR

À l'avenir, les marchés de l'alimentation et de l'énergie vont continuer à interagir, créant des possibilités rapides sur les marchés pour les producteurs de matières premières comme le sucre et le maïs, indépendamment de ce qu'ils fournissent les secteurs de l'alimentation destinée à la consommation humaine, animale, ou des carburants. Cependant, les politiques intérieures et restrictions en matière de commerce peuvent conduire à des perturbations de marché et à une flambée des prix, comme cela a été le cas en 2008 et 2010. Une des principales leçons à retenir des crises du prix des denrées alimentaires des dernières années est que la liberté du commerce est essentielle à la libre circulation des biens vers les lieux où leur utilisation est la plus valorisée et aux ajustements qui minimiseront les perturbations du marché.[15]

Au sein de l'Union Européenne et aux États-Unis, l'utilisation de maïs et d'huile de colza pour la production de biocarburants a connu une croissance rapide jusqu'en 2008/09, et se stabilisera certainement lorsque les mandats américains pour l'éthanol à base de maïs seront atteints en 2015, et au moment où les politiques dans les pays industrialisés encourageront l'utilisation de carburants alternatifs avec de plus faibles impacts environnementaux (voir Figure 1). L'augmentation significative de l'utilisation du maïs aux États-Unis, qui a presque triplé de 2000 à 2009, laisse entendre que le marché du maïs sera serré face aux changements à venir, sauf si l'offre se développe et que les niveaux de stocks de grains sont reconstitués. Même si le taux de croissance de l'utilisation d'huile de colza est beaucoup plus faible en comparaison, l'effet qu'il engendra sur les conditions de marché des huiles végétales sera semblable.

L'éthanol volumétrique taxe d'accise de crédit en vigueur aux États-Unis devrait prendre fin au début 2012, laissant la réglementation de la production et des mélanges de l'éthanol aux forces du marché. Vu la hausse des prix de l'huile, il est probable que la demande continue à pousser la production d'éthanol au-delà des niveaux des mandats actuels. Il reste à voir si l'expiration du crédit de droits d'accises aura un impact sensible sur les prix alimentaires intérieurs américains pour le maïs ou sur les exportations du maïs américain sur le marché mondial (qui à leur tour ont des effets sur les prix mondiaux). Aussi longtemps que les prix de l'huile restent stables ou progressent légèrement, on s'attend peu à ce que la profitabilité (et le volume) de la production américaine d'éthanol soit peu affectée. Si la demande d'éthanol du Brésil ou d'autres pays progresse, cela permettrait non seulement d'être un moteur supplémentaire à la production d'éthanol, indépendamment des effets d'un quelconque instrument de politique américaine, et d'éliminer le thème des subventions à l'éthanol des débats politiques américains pendant cette année charnière électorale.

Si les augmentations des prix alimentaires de 2011 persistent en 2012, ils continueront à accroître le revenu des producteurs de grains américains, tout en augmentant le coût de la nourriture pour les éleveurs et des matières premières pour les biocarburants pour les producteurs américains d'éthanol. Toute politique américaine pouvant créer en 2012 des incitations à l'usage des matières premières pour carburants de deuxième génération (telles que le panic érigé,

FIGURE 1 Utilisation du maïs et de l'huile de colza aux États-Unis et en Europe pour la production de biocarburants et pour d'autres usages industriels, 2000/01–2024/25

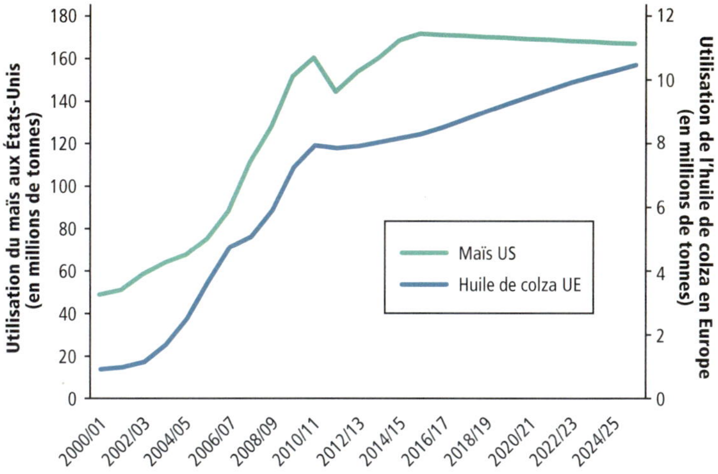

Source: Food and Agricultural Policy Research Institute, *FAPRI-ISU World Agricultural Outlook 2011* (Ames, IA: Iowa State University, 2011). **Note:** L'utilisation du maïs inclut l'alimentation, et celle de l'huile de colza inclut d'autres usages industriels.

miscanthus, ou une autre biomasse énergétique) encouragera l'innovation ainsi que le secteur américain des biocarburants à diversifier ses sources de matières premières au-delà des grains pour inclure des résidus agricoles (tels que les débris de maïs abandonnés après récolte). Cela peut servir à relâcher la pression sur la demande du marché pour les grains et sur la terre qui sert à les produire. Une évaluation minutieuse est toutefois encore nécessaire pour mesurer les conséquences agronomiques de l'enlèvement de ces débris des champs.

On espère que la Commission européenne formulera en 2012 une recommandation officielle sur les biocarburants, suivie d'un processus législatif impliquant le Parlement européen. Toute décision de la CommissioneEuropéenne aura des conséquences de portée mondiale puisque, outre un changement de niveau et de nature de la production de biocarburants en Europe, elle servira de modèle aux groupes de pression et aux décideurs politiques dans de nombreux autres pays.

Étant donné la tournure du débat sur les biocarburants en 2011, les discussions concernant la politique relative à la production et au mélange de biocarburants se poursuivront vraisemblablement et seront alimentées par de nouveaux résultats issus de recherches sur les conséquences des politiques de biocarburant en matière de sécurité alimentaire et d'environnement. ■

Chapitre 6

AGRICULTURE, NUTRITION, ET SANTÉ

Établir les liens

Rajul Pandya-Lorch, Heidi Fritschel, Zhenya Karelina et Sivan Yosef, IFPRI

LES LIENS ENTRE AGRICULTURE, NUTRITION ET santé sont devenus saillants en 2011. Avec un milliard de personnes qui continuent de souffrir de l'insécurité alimentaire et de carences en vitamines et en minéraux, mettant ainsi en péril la nutrition et la santé de milliards d'individus, la communauté internationale pour le développement a commencé à se demander quelle contribution supplémentaire pourrait apporter l'agriculture pour une amélioration du bien-être des hommes, si elle intégrait de manière explicite les objectifs relatifs à la nutrition et à la santé. Quels types de changements pourraient maximiser la contribution de l'agriculture pour la santé et la nutrition humaines, et comment la santé et la nutrition humaines améliorées pourraient-elles contribuer à un système agricole plus productif et plus durable ?[1]

Bien que les secteurs de l'agriculture, de la santé et de la nutrition contribuent tous au bien-être de l'homme, l'agriculture a rarement été utilisée comme un instrument visant à résoudre les problèmes que posent les défis des secteurs de la nutrition et de la santé. Étant donné que l'agriculture gagne en importance sur l'échiquier mondial, ceci en partie du fait de la volatilité des prix des denrées alimentaires, on reconnaît de plus en plus que le moment est venu de faire converger les secteurs de l'agriculture, de la nutrition et de la santé et de faire éclore le potentiel de l'agriculture — en tant que pourvoyeuse de denrées alimentaires, source de revenus et un moteur de croissance — afin de réduire considérablement la malnutrition et les problèmes de santé au sein des populations les plus vulnérables de la planète (voir encadré 6).

CRÉER UNE DYNAMIQUE ET EN TIRER PARTI

Au début de l'année, environ 1 000 dirigeants et professionnels des secteurs de l'agriculture, de la nutrition et de la santé se sont réunis lors d'une Conférence internationale dénommée « L'effet de levier de l'agriculture pour améliorer la nutrition et la santé », organisée par l'IFPRI et son initiative Vision 2020, tenue à New Delhi (http://2020conference.ifpri.info/). Lors de cette Conférence, les participants se sont enrichis des connaissances disponibles sur les interactions entre l'agriculture, la nutrition et la santé. Ils ont également exploré les opportunités d'amélioration de la nutrition et de la réduction des risques sanitaires le long de la chaîne de valeur. Ils ont en plus identifié les principaux leviers et les principales mesures incitatives pour la promotion de l'agriculture et évalué les lacunes en matière de recherche critique et d'action. En fin de compte, ils ont déclenché un processus permettant de repenser la façon dont ces relations pourraient mieux fonctionner pour susciter plus d'investissements agricoles favorables à la nutrition et à la santé (voir encadré 7).

ENCADRÉ 6

La recherche agricole prête à relever le défi de la nutrition et de la santé

John McDermott, Programme de recherche du CGIAR sur l'agriculture pour l'amélioration de la nutrition et de la santé

La malnutrition et les maladies sont des défis mondiaux largement répandus et persistants. L'agriculture reste déterminante pour les deux défis ; toutefois, la croissance dans ce seul secteur s'est montré insuffisante pour atteindre les objectifs de réduction de la malnutrition et d'amélioration de la santé, tels que l'Objectif du millénaire pour le développement numéro 1, relatif aux enfants présentant une insuffisance pondérale, ou l'Objectif du millénaire pour le développement numéro 4 portant sur la mortalité infantile. Le tiers de la population infantile de l'Asie du Sud souffrent d'une insuffisance pondérale, et plus de 33 % des décès chez les enfants des pays à faibles revenus sont causés par la sous-nutrition. Cette situation se vit de manière plus significative dans les pays d'Afrique sub-saharienne. Afin d'accroître la contribution de l'agriculture, le Groupe consultatif pour la recherche agricole internationale (CGIAR) a élaboré un programme pour la recherche d'actions dans l'agriculture en vue d'améliorer la nutrition et la santé humaines.[1]

Ce nouveau programme de recherche, lancé en janvier 2012, comprend quatre composantes interconnectées. Une première composante intègre les programmes et les politiques en matière d'agriculture, de nutrition et de santé, tandis que les trois autres sont spécifiquement portées sur la détermination de solutions qui amélioreraient la nutrition et la santé.

- Production et distribution de davantage d'aliments de base nutritifs, biofortifiés à la vitamine A, au fer ou au zinc pour lutter contre les carences les plus sévères en micronutriments.
- Amélioration des chaînes de valeurs pour accroître la valeur nutritive des aliments de la production à la consommation, y compris l'analyse de la chaîne de valeur alimentaire et des développements réalisés par d'autres programmes du CGIAR
- Réduction des risques de maladies associées à l'activité agricole en renforçant la sécurité alimentaire et en contrôlant les zoonoses ainsi que les maladies émergentes, de même qu'en atténuant les maladies survenant à la suite de l'intensification de l'activité agricole.

Les résultats des recherches contribueront à créer des répercussions sur le développement sur trois axes : amélioration de la qualité nutritionnelle et de la sécurité alimentaire des chaînes de valeur alimentaires, apport de connaissances et de technologies pour l'amélioration de la performance des programmes de développement de l'agriculture, de la nutrition et de la santé, et apport de connaissances et de données pour l'élaboration de meilleures politiques et décisions en matière d'investissements.

Pour une nutrition et une santé meilleures pour les pauvres, les chercheurs du secteur agricole devront travailler en étroite collaboration avec les chercheurs de la santé publique ; ils devront aussi se joindre aux acteurs de la chaîne de valeur alimentaire, aux responsables de la mise en place des programmes de développement, sans oublier les décideurs. Derrière ces partenariats devra se dessiner une perspective fondamentalement nouvelle sur la recherche et le développement du système agro-alimentaire, comprenant :

- une vision qui va au-delà de la production, de la transformation, la distribution et de la consommation, à travers un engagement plus profond avec le secteur privé et d'autres acteurs de la chaîne de valeur ;
- une vision plus large à travers des efforts conjoints dans les secteurs de l'agriculture, de la santé et du développement social, en se servant d'indicateurs et d'outils nouveaux pour une planification et une évaluation conjointes ; et
- un accent sur la perspective des pauvres — en évaluant par exemple le compromis entre les moyens d'existence et le risque, plutôt que d'adopter la perspective standard qui consiste à éviter le risque.

Ce nouveau programme de recherche agricole va se concentrer à la fois sur l'Asie du Sud et sur l'Afrique sub-saharienne. En investissant dans des instruments, des approches et des faits nouveaux permettant de donner de façon utile de nouvelles orientations à la politique et à la pratique agricoles, le CGIAR espère obtenir d'importants résultats dans le renforcement des contributions du secteur agricole aux efforts mondiaux, régionaux et nationaux d'accélération du processus de réalisation d'une meilleure nutrition et de réduction des fardeaux des maladies associées à l'activité agricole.

Plusieurs agences de développement ont commencé à concevoir ou à reconcevoir leurs programmes afin de mieux exploiter ces relations. À titre d'exemple, Feed the future (Initiative alimentaire pour l'avenir), une initiative américaine de plusieurs milliards de dollars sur la famine et la sécurité alimentaire mondiale, cherche explicitement à accélérer la croissance inclusive du secteur de l'agriculture et à améliorer l'état nutritionnel à travers des programmes de développement durable appartenant aux pays. Le département du Royaume-Uni pour le développement international a considérablement augmenté son soutien pour la programmation et la recherche nutritionnelles, et est en train d'intégrer la recherche de la sécurité agricole, alimentaire et nutritionnelle dans son programme en Asie du sud.

En Afrique sub-saharienne, le nouveau Partenariat pour le développement de l'Afrique et l'Alliance mondiale pour la nutrition améliorée ont conclu un accord pour le développement d'un programme conjoint de cinq ans visant à intégrer pleinement la sécurité nutritionnelle dans le cadre du Programme détaillé de développement de l'agriculture africaine (PDDAA). Les représentants des ministères de l'Agriculture, de la Nutrition et de la Santé, et d'autres homologues des 17 pays de l'Afrique de l'Ouest se sont réunis lors d'un séminaire du PDDAA à Dakar en novembre 2011 pour plancher sur les modalités d'intégration de la nutrition dans les plans de développement de l'agriculture nationale, avec une attention particulière sur la résolution des problèmes de nutrition spécifiques aux pays. En octobre 2011, le président Youweri Museni a lancé le Plan d'action de nutrition de l'Ouganda (2011-2016), mis en œuvre par l'Autorité de planification nationale de l'Ouganda et en collaboration avec plusieurs ministères. À cet effet, un message fort a été lancé au public quant au type d'aliments à cultiver pour lutter contre la malnutrition. Le Malawi a organisé une Conférence nationale innovatrice en septembre 2011 qui a réuni les décideurs politiques et les planificateurs des secteurs de l'agriculture, de la nutrition et de la santé en vue de coordonner et d'intégrer leurs activités pour permettre à l'agriculture du Malawi de contribuer à la santé et à la nutrition des populations.

En fin d'année 2010, une feuille de route a été élaborée pour le Mouvement pour le renforcement de la nutrition (SUN) — un vaste partenariat d'organisations internationales et donatrices.[2] Le mouvement a fait converger une dynamique considérable tout au long de l'année 2011 lorsque la feuille de route a commencé à se traduire en actions. Au courant de janvier 2012, 24 pays à fardeau élevé se sont engagés dans le Mouvement du renforcement de la nutrition et ont commencé à fixer des objectifs et des buts de nutrition. Plus de 100 organisations de par le monde l'ont approuvé. Le Mouvement soutient les gouvernements nationaux dans le développement et l'opérationnalisation de plans

ENCADRÉ 7

La Conférence 2020 de l'IFPRI : À la recherche de résultats

Robert Paarlberg, Wellesley College et Université de Harvard

La Conférence de 2011 portant sur l'« Effet de levier de l'agriculture pour améliorer la nutrition et la santé » organisée par l'IFPRI dans le cadre de son Initiative Vision 2020, a produit sur les participants des effets qui se sont révélés hautement significatifs, en plus d'éclairer le débat mondial et de nouvelles initiatives potentielles. Les participants ont appris comment promouvoir de manière plus efficace une approche intégrée de l'agriculture, de la nutrition et de la santé dans leurs milieux de travail respectifs. Même comme la plupart des participants avaient déjà pour opinion que les secteurs devraient être perçus et gérés conjointement plutôt que manière isolée, leur participation a renforcé cette conception — tel que le démontrent les études d'avant et d'après conférence. Ils ont ainsi glané de nouvelles informations précieuses et se sont connectés à un ensemble plus large de réseaux intersectoriels.

La Conférence 2020 a également produit des effets notables sur le public et sur le discours professionnel. Entre octobre 2010 et mai 2011, les journalistes internationaux, invités à la Conférence, ont écrit 33 articles sur la Conférence, et 25 reportages ont été publiés en anglais, en français et en allemand. D'importants rapports institutionnels rédigés sur la conférence comprenaient 22 textes qui ont été présentés aux différents donateurs et acteurs. Cette couverture médiatique a permis d'accroître la visibilité des thèmes abordés à la Conférence. Des recherches effectuées sur Google à des intervalles réguliers ont révélé une hausse significative dans la disponibilité sur Internet du thème central de la Conférence ; le nombre moyen de pages Web contenant la phrase « établir le lien entre l'agriculture, la nutrition et la santé » a augmenté d'environ 9 300 avant la conférence, à plus de 13 500 après la conférence.

Au bout du compte, les enquêtes et les interviews effectuées ont révélé que la Conférence de New Delhi a inspiré ou encouragé un nombre important d'initiatives, y compris les réunions et les concertations de suivi ; les efforts à contacter les décideurs gouvernementaux sur les questions d'agriculture, de nutrition et de santé ; les nouvelles initiatives mises sur pied par les donateurs, et même quelques changements provisoires relevant des programmes et des institutions. Un des effets immédiats et tangibles a été la décision de l'Agence canadienne de développement international de faire un don supplémentaire de l'ordre de 6 à 10 millions dollars EU au profit du projet HarvestPlus sur la biofortification. En plus, la Conférence a par ailleurs mis l'accent sur les thèmes portant sur l'agriculture, la nutrition et la santé dans le nouveau programme de recherche du CGIAR sur l'agriculture pour l'amélioration de la nutrition et de la santé, une initiative internationale visant à créer un réseau d'institutions éducatives œuvrant dans les domaines de l'agriculture, de la nutrition et de la santé. Le « Comité consultatif sur la nutrition et la nourriture » de la République populaire de Chine a aussi pris l'engagement de créer un institut de développement de la sécurité alimentaire et de la nutrition.

La durabilité et l'ampleur de tels changements sur une période plus longue dépendront en partie du fait que l'IFPRI engage ou non des ressources pour un leadership soutenu dans les domaines de vulgarisation en agriculture, en nutrition et en santé d'une part, et en matière de recherche sur les politiques, d'autre part.[1]

nationaux sensibles à la nutrition et fait suivre un appui financier et technique pour la nutrition. Une grande partie de l'approche du Mouvement pour le renforcement de la nutrition consiste à incorporer des actions spécifiques pour la nutrition dans d'autres domaines tels que la sécurité alimentaire, l'agriculture et la santé.

D'autres initiatives ont vu le jour dans le cadre de la rencontre de haut niveau des Nations unies sur les maladies non contagieuses de septembre 2011. Celle-ci a néanmoins connu une maigre participation du secteur agricole ; toutefois, la déclaration qui en a été issue a relevé la nécessité d'une approche faisant intervenir le gouvernement dans son ensemble et incluant le secteur agricole. Grâce à son rapport *Bringing Agriculture to the Table: How Agriculture and Food Can Play a Role in Preventing Chronic Disease,* le Conseil de Chicago sur les affaires mondiales a proposé des analyses et des recommandations claires sur la façon dont l'agriculture pourrait contribuer à une meilleure santé.

En dépit des opportunités pour améliorer les résultats au plan de la santé à travers l'approche des possibilités offertes par l'agriculture, l'implication du secteur de la santé au cœur des débats s'est avérée difficile (voir encadré 8). L'une des principales barrières dans la collaboration entre les communautés agricoles et sanitaires reste le manque de paramètres communs. Par conséquent, en mai 2011, l'IFPRI (Institut de Recherche International de Politique Alimentaire) et le Centre Leverhulme pour la recherche intégrée sur l'agriculture et la santé a réuni des experts de la santé et de l'agriculture pour rechercher des méthodes communes d'évaluation des résultats de l'action sanitaire issues des interventions dans le domaine de l'agriculture.

Fort de la dynamique issue de la Conférence 2020, le Groupe consultatif pour la recherche agricole internationale (GCRAI) a mis en œuvre un important nouveau programme de recherche dénommé « L'agriculture pour l'amélioration de la nutrition et de la santé », lancé en janvier 2012 dont l'objectif principal était d'améliorer la nutrition et la santé des pauvres par l'exploitation de plusieurs synergies entre les secteurs de l'agriculture, de la nutrition et de la santé (voir encadré 6).

ÉTABLIR DES LIENS ENTRE L'AGRICULTURE, LA NUTRITION ET LA SANTÉ

À de nombreux égards, les liens entre l'agriculture, la nutrition et la santé sont déjà fonctionnels bien que les synergies ne soient pas toujours optimales. L'agriculture constitue la principale source d'alimentation permettant de satisfaire les besoins des populations au plan énergétique et des nutriments essentiels. Toutefois, afin d'avoir accès à l'alimentation, les populations ne doivent pas nécessairement la produire elles-mêmes, mais elles peuvent aussi l'acheter. Le système agricole pourrait contribuer à accroître l'accès des populations à l'alimentation en leur permettant de produire plus de denrées alimentaires (si elles cultivent elles-mêmes) ou en baissant les prix des denrées alimentaires ou en augmentant leurs revenus (si elles achètent les denrées alimentaires). En leur facilitant l'accès à la nourriture, l'agriculture peut considérablement améliorer la qualité de la nutrition et de la santé des populations. En même temps, certaines conditions et pratiques agricoles peuvent être à l'origine de maladies et de la mauvaise santé à la fois des agriculteurs et des consommateurs.[3] À titre d'exemple, des pratiques agricoles pourraient accroître le risque d'infection des agriculteurs par les maladies animales, les exposer aux dangers des pesticides ou introduire des toxines dans les aliments.

Dans bon nombre de pays dont l'économie repose sur l'agriculture, la croissance agricole contribue à lutter contre la sous-nutrition mieux que la croissance expérimentée dans les autres secteurs. Toutefois, qu'il s'agisse de la structure de la croissance agricole, de la répartition des fruits de cette croissance et des conditions dans lesquelles elle a lieu, tous ces paramètres sont importants. La croissance dans les sous-secteurs agricoles, tels que celui des cultures vivrières, dans lesquels sont engagées les populations pauvres, contribue à lutter contre la pauvreté et à accroître l'apport calorique plus que la croissance dans les cultures d'exportation, par exemple. Plus tard dans le processus de développement, la croissance issue des autres secteurs connexes de l'agriculture devient plus déterminante dans l'amélioration de la sécurité alimentaire et nutritionnelle. Pourtant, ni la croissance agricole, ni la croissance des secteurs non agricoles, ne peuvent suffire à réduire la sous-nutrition ou les carences en micronutriments chez les enfants, des programmes complémentaires axés sur la nutrition, la santé, l'eau et l' hygiène, et sur la communication pour faire évoluer les comportements doivent également être mis en œuvre et viser les populations vulnérables, et singulièrement les femmes et les enfants.[4]

Les liens entre l'agriculture, la santé et la nutrition opèrent souvent différemment pour ce qui est des hommes et des femmes. Dans de nombreuses parties du monde, les femmes et les hommes ont des habitudes de dépense d'argent différentes : les femmes sont plus disposées à dépenser les revenus dont elles ont la charge pour l'alimentation, les soins de santé et l'éducation de leurs enfants. Une égalité renforcée entre les hommes et les femmes peut déboucher sur une plus grande productivité agricole. Si cette productivité est accompagnée par plus de revenus et par un important pouvoir de négociation conféré aux femmes, elle peut conduire à un meilleur état de santé et de nutrition.

Tout au long de la chaîne de valeur du secteur agricole, il existe des opportunités d'amélioration de l'état nutritionnel et de réduction des risques de

ENCADRÉ 8

Santé publique et agriculture : œuvrer main dans la main

Kabba T. Joiner, Helen Keller International

Les secteurs de l'agriculture et de la santé ont depuis longtemps été séparés en raison de leurs fonctions sociétales fondamentalement différentes et par le truchement de l'organisation institutionnelle. Toutefois, les représentants de l'agriculture ainsi que ceux de la santé ont fait en 2011 un effort considérable pour rapprocher davantage les deux secteurs, par l'établissement de liens porteurs d'espoir entre les organisations agricoles et sanitaires. Parmi les programmes qui ont plus récemment vu le jour en Afrique sub-saharienne, on peut citer l'Initiative communautaire en faveur des bébés en Gambie, les Villages du millénaire au Mali, les Jardins de santé au Rwanda, et l'agriculture pour la responsabilisation des enfants au Libéria.

Les contributions de l'agriculture à la santé peuvent être directes ou indirectes. La croissance dans le secteur agricole conduit à un accroissement des revenus dans les zones rurales, lesquels contribuent à un meilleur état de santé surtout lorsque les bénéfices générés de l'agriculture servent à financer les infrastructures de santé communautaire. Un développement agricole durable peut indirectement conduire à des améliorations importantes en matière de santé rurale. Plus particulièrement, si le revenu des femmes augmente, elles vont fréquemment solliciter les services de soins de santé, et ceci aura pour corollaire d'améliorer la santé de la mère et de l'enfant.

L'agriculture peut contribuer de façon directe à l'amélioration de la santé publique à travers la consommation des produits agricoles améliorés. En général, des régimes alimentaires améliorés — par l'amélioration des denrées alimentaires— réduisent la prévalence des maladies chroniques. L'intégration des secteurs de l'agriculture et de la santé contribue également à améliorer la sécurité alimentaire en rendant possible la mise en place de meilleurs systèmes de surveillance partant du champ à la table. Mais on peut faire davantage que simplement faire pousser des cultures de meilleures qualités. Depuis longtemps, on ne considérait pas l'agriculture comme une arme principale face à l'élimination de la malnutrition causée par la carence en micronutriments. Des systèmes alimentaires étaient conçus sans accorder assez d'attention aux exigences d'une alimentation équilibrée en nutriments liée à un bon état de santé et de bien-être. Aujourd'hui, HarvestPlus et d'autres organisations se penchent sur le problème à travers l'amélioration génétique des cultures riches en minéraux et en vitamines, telles que la patate douce à chair d'orange (riche en carotène) et le petit mil à haute teneur en fer.

La collaboration entre les secteurs de l'agriculture et celui de la santé peut mener à des améliorations considérables sur la qualité des régimes alimentaires des pays en développement ; cependant, elle ne peut prospérer que si certains défis humains et institutionnels sont relevés. Les représentants des deux secteurs se doivent donc:

- d'entreprendre des actions intersectorielles au niveau communautaire ;
- d'accroître les financements dans les structures du secteur de la santé qui peuvent collaborer avec le secteur de l'agriculture ;
- de prendre des mesures formelles, assigner des responsabilités et développer des talents pour des négociations et des prises de décisions intersectorielles ;
- d'établir une communication et des liens fiables entre les chercheurs, les décideurs et les professionnels des deux secteurs ;
- d'assurer une concertation mutuelle au sein des cadres et activités prioritaires tels que la collecte des données ; et de renforcer le capital humain dans les deux secteurs par la révision des programmes ou par l'échange du personnel et le partage des installations.

Les responsables des secteurs de l'agriculture et de la santé devraient faire pression pour plus d'innovation et de participation intersectorielles afin d'aboutir à de meilleurs résultats. Ils doivent sortir des sentiers battus afin de maximiser les avantages découlant de leur collaboration.

santé. Une approche par la chaîne de valeur pour le développement peut comporter des objectifs de nutrition et par là-même rendre les aliments nutritifs plus accessibles et à des prix plus abordables pour les pauvres. Cette approche commence par l'identification de chaque composante de la chaîne alimentaire partant du champ jusqu'à nos assiettes — en passant par la production, le traitement après récolte, la commercialisation et la vente — et la détermination des niveaux potentiels où peut s'opérer l'optimisation des apports nutritionnels. La chaîne de valeur des produits alimentaires comporte plusieurs risques — risques microbiologiques, physiques et chimiques — lesquels rendent difficiles la production et la consommation des aliments sains. De plus en plus, les responsables exploitent les analyses des risques pour leurs décisions sur des actions réglementaires et autres actions visant à réduire les risques de santé tout au long de la chaîne de valeur des produits alimentaires.[5]

Plusieurs efforts sont entrepris pour essayer de comprendre et de relever ces défis. À titre d'exemple, nous pouvons citer la biofortification (l'amélioration génétique de nouvelles variétés de cultures vivrières par l'apport des contenus nutritionnels améliorés) ; les procédés d'amélioration de la production et de la consommation des ménages en légumes, fruits et aliments d'origine animale riches en micronutriments ; la production locale des aliments pour les programmes d'alimentation scolaires ; et les projets d'intégration de l'agriculture, de la nutrition et des services de santé.[6] Toutefois, il est jusqu'à présent difficile de déterminer de façon concrète comment les liens entre les secteurs de l'agriculture et de la nutrition opèrent. Ainsi, une tâche cruciale est d'établir la base de données de ces liens.

La nécessité de plusieurs autres études portant sur les conséquences nutritionnelles des interventions dans le secteur agricole se fait sentir, encore plus de données pertinentes sur la nutrition doivent être produites et collectées, et des indicateurs de l'état nutritionnel devraient être pris en compte dans les évaluations des programmes agricoles.

La Conférence 2020 a mis l'accent sur quatre importants ensembles d'instruments qui contribueraient à renforcer le secteur agricole pour une nutrition et une santé meilleures. Parmi les leviers économiques, au sens le plus large, on peut citer la croissance agricole ou croissance économique globale (étant entendu que la croissance seule ne saurait résoudre le problème de nutrition). Les « Impôts gras » et les « maigres subventions » présentent certes l'avantage d'influencer l'accès des populations, au plan économique, à des aliments sains dans les pays industrialisés. Toutefois, des approches plus ciblées pour l'amélioration des régimes alimentaires des populations pauvres seraient plus indiquées dans les pays en voie de développement. Les leviers sociaux consistent à rassembler les personnes de tous les secteurs et au sein des communautés pour œuvrer conjointement à l'amélioration de la nutrition et de la santé. Les leviers de la gouvernance exigent que le leadership du gouvernement se fasse ressentir à tous les niveaux — du niveau national au niveau local, en passant par le niveau provincial. Les changements qui s'opèrent dans les politiques et les programmes ne suffisent pas à faire travailler main dans la main les personnes des différents ministères et institutions —il est important de concevoir des primes qui les pousseront à travailler dans cet esprit et de consacrer le temps et les ressources nécessaires pour le travail dans tous les secteurs. Les leviers scientifiques et technologiques exigent non seulement que plus de ressources soient allouées à la recherche et au développement agricoles de façon générale pour rester sur la voie de l'innovation, de la découverte et de la diffusion totale, mais également d'y consacrer davantage de ressources et spécifiquement celles relatives à la recherche utile à la santé et à la nutrition, telle que des travaux sur des légumes riches en nutriments et autres cultures et bétail.

Un certain nombre de thèmes récurrents[7] ont été soulevés lors de la Conférence 2020 et appellent à un engagement de la communauté internationale :

1. *Améliorer les investissements* en rendant ceux existant plus adaptés à la nutrition et à la santé, en mettant en priorité et en améliorant les succès, et en créant de nouveaux investissements qui tirent meilleur parti des liens entre l'agriculture, la nutrition et la santé.
2. *Ne pas attendre avant d'agir* mais aller de l'avant sur la base des informations disponibles et du bon sens.
3. *Mieux communiquer* pour sensibiliser, susciter l'intérêt, proposer des options, et attirer des « champions » afin de promouvoir l'action.
4. *Acquérir des connaissances* sur le type de croissance agricole qui est le plus favorable à la nutrition et à la santé ; et déterminer quels sont les types de négociations sur la gouvernance et les partenariats requis aux niveaux local, régional et mondial.
5. *Mettre l'accent sur l'éducation* en développant des programmes de formation multidisciplinaires de niveaux universitaires qui inculquent des notions plus vastes à de futurs leaders des secteurs de l'agriculture, de la nutrition et de la santé, et faire disparaître les « cloisonnements » entre les différents secteurs.
6. *Constituer la base de preuve* en collectant de manière opportune des données pertinentes, en améliorant les outils et les méthodes, et en investissant sur le contrôle et l'évaluation.
7. *Collaborer avec tous les secteurs* en créant un esprit de responsabilité mutuelle et en recherchant des voies pour un travail de groupe tout en préservant les avantages inhérents à une grande expertise du secteur.
8. *Faire usage de tous les leviers disponibles pour le changement,* y compris les leviers économiques, sociaux, de gouvernance, scientifiques et technologiques, qui peuvent maximiser la contribution du secteur agricole dans la nutrition et la santé.
9. *Remédier aux imperfections des systèmes des marchés* par la mise en place de politiques telles que les politiques d'investissements, de subventions, d'éducation, les politiques commerciales et fiscales ; étant entendu que seuls les marchés ne sauraient contribuer à la réalisation des résultats de l'agriculture, de la nutrition et de la santé, qui soient socialement optimum.
10. *Observer les systèmes d'alimentation, pas seulement les systèmes agricoles* ; considérer toutes les étapes de la chaîne du champ à l'assiette ; et accorder une attention particulière à la durabilité des ressources naturelles.
11. *Impliquer de manière proactive le secteur de la santé* et rechercher les voies pour s'en rapprocher et l'intégrer au sein des activités agricoles.
12. *Reconnaître que les femmes sont au cœur des trois secteurs* et diriger des politiques et des programmes vers les femmes pour simultanément renforcer l'agriculture et améliorer la qualité de la nutrition et de la santé.

L'approche par les liens se répand sur les autres secteurs. Le lien existant entre la nourriture, l'eau et l'énergie a suscité beaucoup d'attention à la fin de l'année 2011 avec la Conférence de Bonn (voir encadré 9). Dans un environnement mondial de plus en plus interconnecté, une approche par les liens pour l'agriculture offre un potentiel considérable à améliorer la nutrition et la santé, à gérer plus durablement les ressources naturelles, à améliorer les moyens de subsistance des personnes ainsi qu'à soutenir une croissance économique inclusive plus accrue. En se projetant dans l'avenir, il est important de construire une base de données qui pourra améliorer la compréhension et contribuer à identifier des opportunités appropriées pour le renforcement des relations entre les secteurs et aboutir à des résultats mutuellement avantageux. ■

ENCADRÉ 9

Aliments, eau et énergie : comprendre le lien

Claudia Ringler, IFPRI

Au cours des dernières années, les liens intersectoriels établis du côté des approvisionnements du secteur de l'agriculture sont devenus plus visibles au fur et à mesure que les principaux intrants agricoles se sont raréfiés et devenus plus coûteux. Parmi ces principaux liens, on peut relever ceux de l'agriculture et des ressources alimentaires avec l'eau, les ressources du sol et énergétiques, et des résultats environnementaux et / ou de la biodiversité. Le lien existant entre la nourriture, l'eau et l'énergie est arrivé à occuper le devant de la scène dans les débats lors de plusieurs forum internationaux pendant la période préparatoire de la Conférence des Nations Unies de Rio+20 sur le développement durable prévue en juin 2012 au Brésil. Un de ces forums, notamment la Conférence de Bonn de 2011 sur « Le lien entre l'eau, l'énergie et la sécurité alimentaire : Des solutions pour l'économie verte », a conclu qu'atteindre la sécurité de l'eau, de l'énergie et des aliments, et par voie de conséquence réduire la famine et éradiquer la pauvreté, constitue un défi majeur qui peut être relevé, même dans des conditions économiques mondiales très difficiles et exigeantes. »[1]

Beaucoup a déjà été accompli sur les interconnexions entre l'eau et la nourriture. L'approvisionnement en eau reste déterminant pour la production des denrées alimentaires, laquelle épuise environ 80 % des prélèvements d'eau douce par an. La croissance démographique et économique, l'urbanisation et l'industrialisation ont alimenté la rareté en eau sans cesse croissante, exposant ainsi au risque d'insuffisance en ressources en eau au moins, la moitié de la production mondiale de céréales d'ici 2050.[2] De plus en plus, il est à noter que ce n'est pas seulement la disponibilité de l'eau qui est compromise, mais également sa qualité. Les investissements dans ce secteur, dans la plupart des pays en développement, sont restés insuffisants pour répondre à la demande croissante en eau potable.

On en sait beaucoup moins sur les interconnexions entre l'énergie et les denrées alimentaires, et entre l'énergie, l'eau et les denrées alimentaires. Toutefois, l'interdépendance croissante entre les denrées alimentaires et les cours du pétrole, résultant de la consommation accrue de l'énergie dans l'agriculture, et la part croissante de l'utilisation des cultures vivrières comme des biocarburants, ont rendu plus pressante la nécessité de politiques conjointes. Les cours des sources d'énergie à la hausse ont fait grimper les prix des denrées alimentaires et réduit l'accessibilité à la terre et à l'eau pour la production alimentaire (en raison de la concurrence issue de l'extension de la production des biocarburants). Au même moment, l'accès des populations pauvres à une alimentation, à de l'eau et à de l'énergie en quantité suffisante demeure à un niveau faible inacceptable, particulièrement en Afrique sub-saharienne et en Asie du Sud.

Ces liens demandent par conséquent que des programmes et des politiques soient élaborés de manière globale. Ceci s'avère particulièrement crucial parce que la production alimentaire devra considérablement augmenter dans les quatre prochaines décennies afin de satisfaire la demande croissante. Pour réaliser la sécurité alimentaire, sans que ne soit compromis les approvisionnements en eau et en énergie, des améliorations dans les politiques, les institutions et les investissements doivent intégrer les principes suivants :

- développement de politiques nationales claires au plan alimentaire et nutritionnel, qui prennent en considération les conséquences en matière d'eau et d'énergie ;
- réduction des subventions pour l'eau, les denrées alimentaires et l'énergie, qui atténuent l'efficacité de l'utilisation des ressources et présentent des effets néfastes sur les pauvres et l'environnement ;
- maximisation des complémentarités entre les acteurs des secteurs public et privé en matière d'approvisionnement en denrées alimentaires, en eau et en énergie ;
- promotion du développement et de la diffusion de technologies sur l'utilisation efficace des ressources, particulièrement les technologies abordables pour les pauvres ;
- promotion à la fois de la sécurité foncière et de celle de l'eau ;
- promotion et renforcement de la recherche sur les cultures vivrières et bien d'autres recherches agricoles qui constituent le lien entre les denrées alimentaires, l'eau et l'énergie (par exemple : des cultures résistant à la sécheresse, à haut rendement et efficientes dans l'utilisation des nutriments) ; et
- création de marchés et de solutions commerciales qui assurent à moindre coût le flux d'intrants pour les planteurs et les consommateurs.

Si les préoccupations que soulèvent les liens entre les denrées alimentaires, l'eau et l'énergie restent irrésolues, la sécurité alimentaire mondiale ne sera pas atteinte, en particulier celle des populations pauvres des zones rurales.

Chapitre 7

DÉGRADATION DES SOLS

Des terres sous pression

Ephraim Nkonya, Jawoo Koo et Paswel Marenya, IFPRI;
Rachel Licker, Université de Wisconsin, Madison

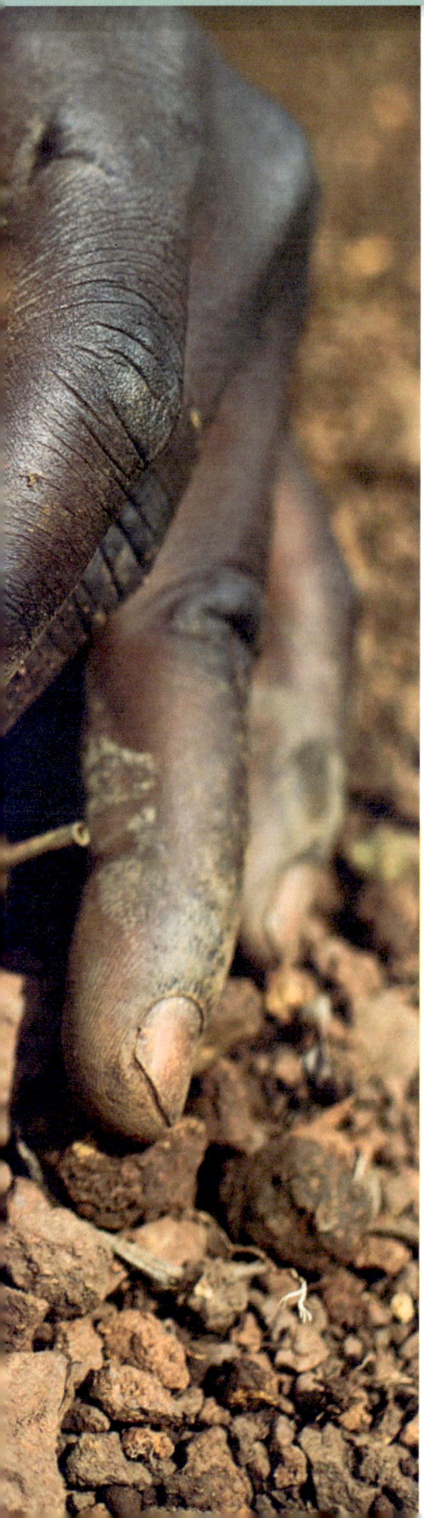

En octobre 2011, la population mondiale atteignait les 7 milliards de personnes : un jalon qui met en relief l'énorme pression subie par les écosystèmes de la planète. Parallèlement à cette croissance démographique, les terres cultivables dont dépend la production mondiale d'aliments sont en train de se dégrader rapidement. Environ 24 % du total mondial de ces terres sont touchées par la dégradation du sol. Cette superficie équivaut à la perte annuelle d'environ 1 % des terres du monde entier, qui pourraient produire 20 millions de tonnes de céréales chaque année, soit 1 % de la production mondiale annuelle. Dans le monde, 1,5 milliard de personnes et 42 % des plus défavorisés vivent sur des sols dégradés.[1]

C'est dans les pays en développement que la population augmente le plus vite. En Afrique subsaharienne, un taux annuel de croissance démographique de 2,3 % diminue encore la surface de terre arable par habitant. Entre 1961 et 2009, la surface de terre arable par habitant en Afrique subsaharienne a été réduite d'environ 76 m2 par an, ce qui représente la baisse la plus prononcée au monde (figure 1).

Comment ce monde surpeuplé peut-il nourrir un nombre croissant de personnes ? La solution la plus réalisable consiste à augmenter durablement la productivité agricole des terres existantes. Ceci implique de stopper la dégradation des sols pour éviter qu'il n'y ait encore moins de terres cultivables de valeur. Ceci implique aussi d'améliorer la fertilité des sols afin d'augmenter les rendements, et de résoudre d'autres problèmes, sur les cultures et ailleurs, qui ont contribué à abaisser la productivité agricole.

ATTEINDRE LA DÉGRADATION ZÉRO DES SOLS

En septembre 2011, l'Assemblée générale des Nations Unies a lancé un appel à la construction d'un monde sans dégradation des sols. Et, en octobre 2011, des parlementaires de la Convention des Nations Unies contre la désertification ont confirmé cet objectif en émettant une déclaration d'appel à la dégradation zéro des sols

FIGURE 1 Pertes annuelles par habitant de terres arables dans les pays en développement, 1961–2009

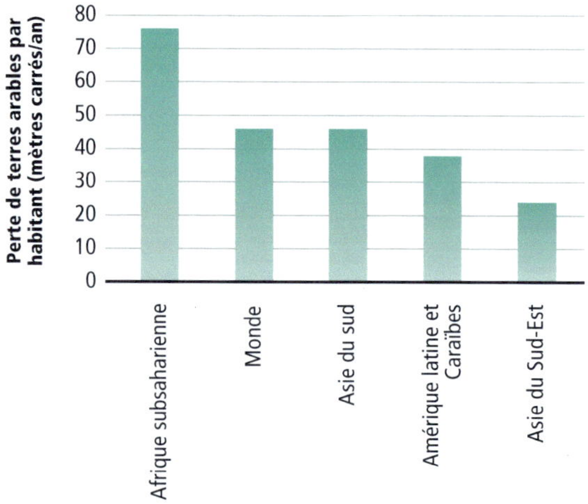

Source: Analyse préliminaire fondée sur un modèle de régression linéaire utilisant des données provenant de l'Organisation des Nations Unies pour l'alimentation et l'agriculture, banque de données FAOSTAT.

et à l'adoption de la gestion durable des sols comme la voie à suivre pour atteindre le développement durable.

Nouveaux faits

Dans la poursuite de ces objectifs, on peut profiter de nouvelles découvertes sur les causes de la dégradation des sols et les solutions possibles. Contredisant la croyance établie que la densité croissante de la population est une des principales causes de la dégradation des sols, des études récentes suggèrent que l'on peut améliorer les sols même dans les pays densément peuplés. On observe par exemple, de 1981 à 2006, une association positive entre un accroissement de la densité de population et une amélioration des sols à l'échelle mondiale et dans l'est de l'Asie, mais cette association est négative en Afrique subsaharienne et dans le sud de l'Asie.[2] L'amélioration des sols dans l'est de l'Asie est attribuée en grande mesure aux politiques encourageant la plantation d'arbres et les programmes de forestation en Chine et en Corée. La Chine, par exemple, est le pays qui possède le plus grand nombre de crédits de réduction certifiée d'émissions. Ces crédits, délivrés aux pays en développement qui appliquent des projets de réduction du carbone, sont certifiés selon des normes fixées par le Mécanisme de développement propre du protocole de Kyoto.

De nouvelles connaissances sont également en cours d'acquisition sur la manière dont une gouvernance efficace (et plus particulièrement une gouvernance locale) peut ralentir la dégradation des sols. Des institutions locales fortes et une régulation ferme, en ligne avec les institutions et les politiques nationales, peuvent être les outils dont les communautés ont besoin pour gérer les ressources naturelles comme la terre, l'eau et les forêts. Par exemple, il ressortait d'une étude menée en 2011 dans quatre pays africains que le nombre de dispositions édictées par les communautés sur la gestion du sol et des eaux était en étroite corrélation avec le degré de décentralisation des pays.[3] Les résultats permettaient de penser que plus un pays est décentralisé, plus il y a de chances pour que les communautés locales agissent collectivement devant les défis posés par les ressources naturelles. Bien sûr, le seul fait que les gouvernements locaux et les autres organisations locales soient forts ne suffit pas pour assurer une gestion durable des ressources naturelles. Il faut aussi que les ménages et les collectivités aient accès aux marchés à des prix qui rapportent, ainsi qu'à d'autres facteurs d'incitation.

Au cours des 20 dernières années, la coopération internationale en matière de gestion des ressources naturelles s'est accrue rapidement car l'on a compris la facilité avec laquelle les avantages d'une meilleure gestion des ressources et le coût de la dégradation de celles-ci traversent les frontières. Les marchés du carbone (chiffrés à 142 milliards de dollars EU en 2010[4]) et d'autres programmes internationaux sur l'environnement ont contribué aux efforts mondiaux pour réduire la déforestation. Ils ont également appuyé les programmes des pays en développement favorisant la gestion durable des pays en développement.

L'exemple du Brésil

Le Brésil a fortement réduit la déforestation, grâce aux actions entreprises par les gouvernements locaux et le gouvernement central en collaboration avec la communauté internationale. Dans les années 90 et au début des années 2000, le Brésil a promulgué des lois et des règlements sur la protection des forêts, mais la déforestation était galopante. Elle atteignait une crête de 72 000 km2 en 2003/04.[5] Alors, les gouvernements des États et les municipalités, ainsi que le gouvernement fédéral, ont établi des lois et des règlements mettant en application le moratoire sur la déforestation, et les Brésiliens commencèrent à participer aux projets du Mécanisme de développement propre. Avec plus de 180 de ces projets en cours d'exécution, le Brésil est le troisième principal détenteur de crédits de réduction certifiée d'émissions, derrière la Chine et l'Inde.[6] Les utilisateurs de terres qui avaient signé un contrat contraignant promettant de ne pas déboiser, ont été dédommagés. En 2008/09, juste cinq ans plus tard, la déforestation avait chuté à 7 000 km2 (une baisse de 74 %).[7] En outre, alors que la superficie agricole du Brésil demeurait relativement inchangée

ENCADRÉ 10

Inde : Superficies communes et sécurité alimentaire

Jagdeesh Rao Puppala et Rahul Chaturvedi, *Foundation for Ecological Security* (Fondation pour la sécurité écologique)

Dans un jugement historique rendu en janvier 2011, la Cour suprême de l'Inde a décidé que des dispositions soient prises pour instaurer une auto-gouvernance réelle des biens communautaires à l'échelle locale, et pour que les usurpateurs de terrains communautaires soient expulsés. Par « biens communautaires » (commons en anglais), on n'entend pas seulement les ressources collectives comme les forêts, les pâturages, le lit des rivières, les plans d'eau et les terres agricoles détenus conjointement par la communauté et dont la jouissance appartient à tous, mais aussi le matériel génétique comme les variétés de semences et de bétail adaptées par les collectivités locales. Ces systèmes de partage des ressources et ces gouvernements villageois sont essentiels pour le maintien des systèmes agricoles, et donc des moyens de subsistance et de la sécurité alimentaire, des plus de 300 millions de personnes qui vivent et travaillent dans les communautés rurales de l'Inde, pays où l'on estime que les terrains communautaires constituent, grosso modo, de 15 à 25 % de la superficie totale.

Suite à ce jugement de la Cour suprême, les gouvernements de certains états de l'Inde ont déjà adopté des mesures pour renforcer la sécurité foncière et les dispositions institutionnelles pour la gouvernance locale, et pour récupérer les terrains communs. À l'échelle nationale, la planification politique préliminaire exige aussi une politique pour les biens communautaires, et des investissements publics supplémentaires pour aider à la mise en place de régimes de propriété communautaire.[1]

En plus de contribuer à la sécurité nutritionnelle et alimentaire, les biens communautaires aident au maintien de fonctions écologiques critiques pour le maintien des systèmes agricoles. Les forêts communautaires jouent un rôle vital dans le maintien du débit des cours d'eau, la recharge des eaux souterraines et le transfert des nutriments. Elles servent d'habitat aux pollinisateurs et aux prédateurs des ravageurs, et constituent donc la base de la résilience des agroécosystèmes. Ceci établit également un cadre institutionnel qui dynamise l'action collective tout en réduisant les actes individuels indésirables qui peuvent mener à l'exploitation des ressources.

Une étude réalisée dans des régions d'Inde à cultures pluviales souligne la dépendance constante des ménages ruraux par rapport aux biens communautaires : sur les 3 000 ménages enquêtés, 53 % avaient recours aux terrains communautaires pour des intrants agricoles, 69 % pour faire paître le bétail, 62 % pour l'eau destinée aux personnes et au bétail, 74 % pour le ramassage de bois à brûler, et 37 % pour des denrées alimentaires consommées par les familles.[2] En gros, 45 % des besoins en fourrage sont couverts par les ressources communes, dont on estime qu'elles contribuent pour 20 à 40 % aux revenus annuels des familles. Malgré tout ce qui précède, les biens communautaires ont été longtemps laissés pour compte dans les politiques et les programmes qui visent à la récupération des ressources naturelles. Cependant, de récentes évolutions, dont le jugement rendu par la Cour suprême, indiquent que cela est en train de changer et que le rôle des collectivités locales dans la gouvernance efficace des ressources naturelles gagne en reconnaissance. Une gouvernance plus décentralisée devrait s'ensuivre.

(68,5 millions d'hectares depuis 2005), sa production d'aliments a augmenté d'entre 11 et 17 % entre 2007 et 2009.[8] C'est là, un bon exemple montrant que des politiques et des stratégies gouvernementales peuvent aider les économies à base agricole à réussir une gestion durable du sol en collaboration avec la communauté internationale.

ACCROISSEMENT DURABLE DE LA PRODUCTIVITÉ AGRICOLE

En même temps que l'on freine la dégradation des sols, il est essentiel de produire plus d'aliments sur les terres actuelles. Les chercheurs ont montré que c'est la hausse de la productivité qui permettra de satisfaire plus des trois quarts de l'accroissement de la demande mondiale d'aliments depuis maintenant jusqu'en 2050.[9] Cela veut dire qu'il faudra augmenter la productivité des cultures dans les régions où l'écart entre les rendements réels et les rendements potentiels est important. Dans les régions développées et dans l'est de l'Asie, la hausse des rendements agricoles se ralentit car l'écart entre les rendements potentiels et réels diminue. Pour les trois principales céréales (riz, blé et maïs), ces écarts sont les plus larges en Afrique subsaharienne, en Europe de l'est, en Asie centrale et dans le sud de l'Asie.[10]

En Afrique subsaharienne (la région du monde où l'écart entre les rendements réels et potentiels est le plus grand), cet écart peut être comblé en investissant, par exemple, dans la recherche agricole, dans l'amélioration des conditions du marché et dans de meilleurs services ruraux, ce qui apportera une aide technique et des motivations pour augmenter la productivité. Mais parmi les actions les plus importantes pour augmenter la productivité agricole et faire face à la dégradation des sols, figure la gestion de la fertilité de ces derniers.

Il est prouvé que les intrants biologiques comme le fumier ou les déchets des récoltes augmentent les rendements et améliorent l'écologie des sols.[11] En augmentant la capacité de rétention d'eau et le contenu de carbone des sols, les intrants biologiques contribuent à la fois à l'adaptation au changement climatique et à l'atténuation de celui-ci. La gestion biologique de la fertilité des sols peut également réduire les besoins en engrais azotés. Une étude montre que lorsque des arbres-légumineuses sont plantés dans des parcelles de maïs en Afrique orientale et méridionale, les besoins de ce maïs en engrais azotés synthétiques diminuent, parfois de 75 %.[12] Moins d'engrais azotés peut en retour réduire la pollution des eaux, qui se produit lorsque les agriculteurs épandent trop d'engrais chimiques.

En fait, des recherches menées en Afrique subsaharienne ont montré que la gestion intégrée de la fertilité des sols (engrais organiques, variétés de plantes améliorées, quantités judicieuses d'engrais chimiques) est plus avantageuse que la seule utilisation, soit d'intrants biologiques, soit d'engrais chimiques. Une étude récente réalisée au Kenya, à Malawi, au Mali, au Nigéria et en Ouganda a montré que lorsque les agriculteurs épandaient plus d'intrants et engrais biologiques, aussi bien les rendements en maïs que la teneur en carbone du sol augmentait. Sur une période de 30 ans, les agriculteurs combinant les engrais chimiques et les intrants biologiques obtiennent des rendements en maïs croissants ou constants, alors que ceux qui utilisent un seul type d'intrants biologiques ou d'engrais chimique, voient leurs rendements diminuer. Une analyse plus approfondie a montré qu'avec la gestion intégrée de la fertilité, les agriculteurs pouvaient augmenter le rendement financier de l'application d'1 kg d'azote de 60 % en moyenne, par rapport au cas de l'utilisation des engrais seuls.[13] Les pays qui allouent une part importante de leur budget agricole à des subventions pour les engrais chimiques peuvent augmenter le retour sur ces investissements publics en conditionnant ces subventions à l'adoption par les bénéficiaires d'une pratique facilement vérifiable utilisant des engrais biologiques, comme l'agroforesterie.[14]

Malgré cet avantage gagnant-gagnant sur les terrains du rendement, des bénéfices et des services environnementaux, la gestion intégrée de la fertilité du sol n'est que peu pratiquée, souvent moins que l'utilisation d'engrais soit chimiques, soit biologiques, seuls (tableau 1). Plusieurs raisons sont possibles pour ce faible taux d'adoption. Les agriculteurs sont moins susceptibles d'adopter cette pratique s'ils ne possèdent qu'un capital familial réduit, s'ils sont loin des routes et des marchés, et s'ils n'ont pas de bétail qui produise du fumier et qui puisse aider au transport d'intrants volumineux. D'après les résultats des recherches préliminaires, les agricultrices utilisent plus volontiers que les hommes les engrais biologiques, et moins les engrais chimiques ; mais de plus grandes dotations en actifs financiers et physiques augmentent leur disposition à adopter des pratiques de gestion intégrée de la fertilité des sols.

La capacité des services de vulgarisation agricole d'Afrique subsaharienne pour fournir des technologies de gestion intégrée de la fertilité des sols est faible. Seuls quelques rares agents de vulgarisation agricole, par exemple du Nigéria et de l'Ouganda, sont connus pour avoir agi comme conseillers sur les engrais biologiques. La plupart de leurs services de consulting agricole portent sur les semences améliorées, les engrais chimiques et les pesticides.[15]

CONCLUSION

En 2011 deux organismes des Nations Unies se sont fixés des objectifs ambitieux pour stopper la dégradation des sols et mettre en place le développement durable. Ces objectifs seront difficiles, mais pas impossibles, à atteindre. Les faits ici exposés

TABLEAU 1 Adoption de la gestion intégrée de la fertilité des sols dans six pays d'Afrique subsaharienne

Intrants dans le sol	Taux d'adoption par les pays en (%)					
	KENYA	MALAWI	MALI	NIGER	NIGÉRIA	OUGANDA
Intrants organiques et engrais synthétiques	19,6	14,7	17,7	0,0	7.5	2.0
Uniquement intrants organiques	29,4	18,6	38,7	1,0	12.1	11.9
Uniquement engrais synthétiques	10,5	70,8	16,3	0,1	45.3	6.1

Sources: Kenya, Niger, Nigeria, et Ouganda: repris de E. Nkonya, F. Place, J. Pender, M. Mwanjololo, A. Okhimamhe, E. Kato, S. Crespo, J. Ndjeunga, et S. Traore, *Climate Risk Management through Sustainable Land Management in Sub-Saharan Africa,* IFPRI Discussion Paper 01126 (Washington, DC: Institut international de recherche sur les politiques alimentaires, 2011); Mali: Gouvernement du Mali, *Recensement général de l'agriculture, Campagne agricole 2004–2005;* Malawi: Enquête auprès des ménages 2008 par le ministère de l'Agriculture et de la Sécurité alimentaire. **Note:** Dans ce cas, les intrants organiques comprenaient du fumier animal. On considère que les paysans utilisent une gestion intégrée de la fertilité des sols lorsqu'ils adoptent à la fois des intrants organiques et des engrais synthétiques (tous les paysans avaient déjà adopté des variétés améliorées de plantes).

ENCADRÉ 11

Les femmes et la propriété foncière

Ruth Meinzen-Dick, Amber Peterman et Agnes Quisumbing, IFPRI

La sécurité foncière est très généralement considérée comme essentielle pour les investissements, la productivité, et la durabilité, et pour la situation des personnes. Sans sécurité des droits sur leurs terres, les personnes ne se sentent pas motivées pour y investir dans des améliorations à long terme à la recherche de durabilité ou de productivité. Elles peuvent même ne pas avoir l'autorité suffisante pour faire des investissements aussi simples que planter des arbres. La sécurité foncière réduit la vulnérabilité à l'expulsion et renforce le pouvoir de négociation, à l'extérieur comme à l'intérieur de la famille. Bien que l'analyse des régimes fonciers ait été généralement centrée sur les ménages, il est de plus en plus reconnu que la distribution par genre des droits fonciers a également son importance, aussi bien entre les ménages qu'au sein de ceux-ci. Le rapport de 2010-11 sur la situation de l'alimentation et de l'agriculture souligne comment l'écart entre les genres dans l'accès aux ressources productives conditionne la productivité agricole.[1] D'autres rapports et d'autres organisations montrent également que le contrôle de la terre est important pour la sécurité, la situation et le pouvoir de négociation des femmes.[2] Le « Rapport sur le développement dans le monde 2012 » recommande de renforcer les droits fonciers des femmes, comme une action importante en faveur de l'égalité des genres et comme un objectif de développement en lui-même, susceptible aussi d'améliorer la productivité et le développement à long terme, au temps de la prochaine génération.[3]

À l'heure actuelle, les femmes ont moins de chances d'être propriétaires que les hommes. Même lorsqu'elles ont accès aux terres, elles cultivent sur des terrains plus petits et moins fertiles. Selon la base de données « Genre et droit à la terre » tenue par l'Organisation des Nations Unies pour l'alimentation et l'agriculture, le nombre moyen de femmes propriétaires de terres agricoles est inférieur à 5 % du total des propriétaires dans l'ouest de l'Asie et l'Afrique du nord, à 15 % en Afrique subsaharienne et à 25 % en Amérique latine.[4] Encore ces chiffres ne donnent-ils qu'une image incomplète de la situation légale, car la propriété peut comporter une restriction des droits lorsque le propriétaire est une femme. Une étude menée récemment en Ouganda suggère que, même lorsque mari et femme sont inscrits comme copropriétaires, la femme n'a très souvent aucun document à son nom.[5] Ceci la rend vulnérable à la perte de ses droits sur la terre, si son mari décide de vendre, ou s'ils divorcent ou elle devient veuve.

Que peut-on faire pour renforcer les droits fonciers de la femme ? Dans beaucoup de pays en développement, les réformes législatives sont souvent ignorées si elles contredisent le droit coutumier et les pratiques habituelles. Donc la réforme du système juridique est sans doute importante, mais peu susceptible d'exercer des effets à elle seule. La mise en place de réformes telles que la suppression des restrictions au droit de la femme à la propriété, les dispositions établissant les titres de propriété conjointe ou la réforme du droit de la famille de telle sorte que les femmes puissent hériter de terres et conserver des droits en cas de divorce ou de veuvage demande de l'attention et des ressources. Ceci peut inclure la réalisation de programmes d'«alphabétisation juridique » pour informer aussi bien les administrateurs et les juges que l'ensemble des citoyens sur les réformes, et pour travailler avec les autorités coutumières en discutant de l'importance des droits fonciers de la femme. L'inclusion de femmes dans les comités locaux d'administration foncière peut encourager celles-ci à enregistrer leurs terres. Une analyse qui en est encore à son stade initial suggère qu'en Éthiopie, dans la procédure d'enregistrement foncier, la présence de plus de femmes dans les comités fonciers locaux a multiplié la fréquentation des réunions liées à cet enregistrement et a éveillé les consciences quant au nouveau code de la famille, qui vise à renforcer les droits des femmes en matière de propriété.[6] Cette étude, ainsi que d'autres, montrent que le renforcement des droits fonciers des femmes doit être abordé sous plusieurs angles, et non pas par des solutions simples en une seule étape.

suggèrent plusieurs voies pour construire un monde sans dégradation des sols.

D'abord, les efforts pour promouvoir une gestion durable des sols doivent améliorer la gouvernance aux échelles locales et nationales, tout en renforçant la coopération internationale.

Ensuite, au lieu de ne se concentrer que sur le subventionnement des engrais chimiques, les pays doivent avoir recours à des formes d'incitation plus larges et plus rentables afin d'encourager les agriculteurs à adopter la gestion intégrée de la fertilité du sol. ■

Chapitre 8

NOUVEAUX ACTEURS

Intervenir dans le système alimentaire mondial

Kevin Chen et P. K. Joshi, IFPRI

ASSURER LA SÉCURITÉ ALIMENTAIRE mondiale a par le passé été perçu comme relevant de la responsabilité d'un petit nombre de pays industrialisés et des agences des Nations Unies ; cependant, la montée en puissance de plusieurs pays en développement et des institutions participe également à cet élan mondial visant à garantir la sécurité alimentaire, réduire la pauvreté et éliminer la faim. L'émergence de nouveaux acteurs s'est accrue pendant plusieurs années. En 2011, des réalisations majeures ont témoigné d'un degré d'influence sans précédent de la part de nouveaux acteurs à l'instar du Brésil, de la Chine et de l'Inde, de nouvelles institutions telles que les organismes de bienfaisance et le secteur privé, sur le système de gouvernance alimentaire mondiale.

APPARITION DES ÉCONOMIES ÉMERGENTES COMME DONATEURS NON HABITUELS

Les économies émergentes — le Brésil, la Chine et l'Inde en particulier — se sont développées à un rythme remarquablement élevé pendant la dernière décennie[1] et en 2011, ces trois économies ont contribué pour plus de 20 % au produit national brut mondial (Figure 1). Ce ne sont pas d'ailleurs les seules économies émergentes jouant des rôles de principaux acteurs mondiaux. Le Groupe des 20 pays (G20) qui représente les deux-tiers de la population mondiale, 90 % du Produit national brut mondial et 80 % du commerce mondial, est rapidement en train de prendre le pas sur le G7 et le G8 comme principal forum en matière de gestion des problèmes de l'économie mondiale. Ces économies émergentes sont en train de changer la

FIGURE 1 **Part des économies émergentes dans le produit intérieur brut (PIB) mondial, population, et production agricole, 2011**

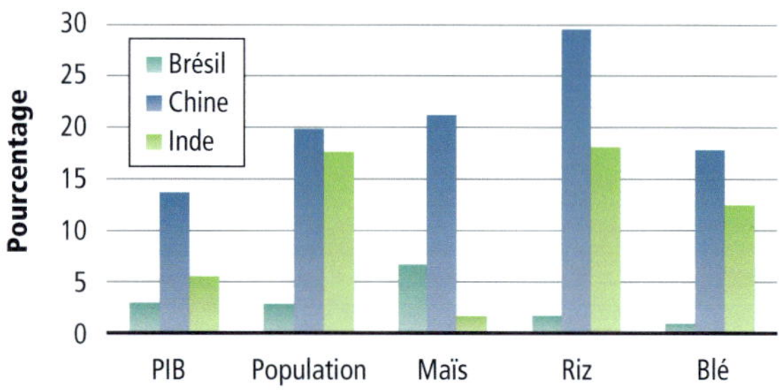

Source: PIB et données démographiques de la Société financière internationale. Données sur la production des cultures de l'Organisation des Nations Unies pour l'alimentation et l'agriculture, base de données FAOSTAT, faostat.fao.org. **Note:** La part de la production des cultures date de 2010.

structure et la nature tant de la physionomie que de la gouvernance mondiales. Et leur rôle déterminant dans la recherche des solutions au problème de l'insécurité alimentaire mondiale en particulier, a fréquemment été reconnu et fait l'objet de débats lors de réunions ministérielles de haut niveau en 2011.

Les 22 et 23 juin par exemple, les ministres du G20 de l'Agriculture se sont réunis à Paris pour élaborer un plan d'action sur la volatilité des prix des denrées alimentaires et l'agriculture. Et le 30 octobre de la même année, les ministres de l'Agriculture du Brésil, de la Chine, de l'Inde et de la Russie se sont rencontrés à Chengdu, en Chine, pour plancher sur le développement de l'agriculture et sur la coopération multilatérale ainsi que la coopération avec d'autres pays en développement. Selon ces décideurs, le développement stable et soutenu de l'agriculture de leurs pays est déterminant pour la sécurité alimentaire mondiale et ils le considèrent comme une stratégie particulièrement cruciale pour la réduction de la faim dans les pays du sud.[2] Les économies émergentes influent de plus en plus sur les perspectives de croissance et de développement des pays en développement à travers non seulement des liens directs tels que l'aide, le commerce et les investissements directs étrangers, mais également à travers des liens indirects tels que les cours des produits de base et la concurrence sur les marchés du tiers monde.[3]

En décembre 2011, le quatrième forum de haut niveau sur l'efficacité de l'aide, tenu à Busan en Corée du sud, a relevé l'importance croissante de la coopération Sud-Sud dans le développement.[4] Cette coopération est aujourd'hui considérée comme partie intégrante des programmes des pays du Fonds international de développement agricole (FIDA).[5]

Un groupe des économies émergentes comprenant le Brésil, la Chine, l'Inde, la Malaisie, l'Afrique du Sud, la Turquie, et certains pays du

ENCADRÉ 12

La Chine et l'agriculture africaine : Rumeurs et réalités

Deborah Brautigam, IFPRI

Faire la lumière sur les rumeurs d'investissements de la Chine dans l'agriculture africaine n'est pas aisée. D'après les rapports, les Chinois ont investi une enveloppe de 5 milliards de dollars EU pour le développement de l'agriculture africaine, envoyé un million d'agriculteurs en Afrique, promis 800 millions de dollars EU pour la modernisation de l'agriculture du Mozambique, ou cultivé de vastes étendues de terres au Zimbabwe ou en Éthiopie. Cependant, le travail sur le terrain de nombreux chercheurs présente une autre réalité : Les investissements de la Chine en Afrique restent à la fois divers et plus faibles que ne le pense l'opinion.

Considérons par exemple l'aide de la Chine. Entre 1964 et 2009, les équipes d'aide chinoises ont réalisé au moins 142 projets agricoles, comprenant des fermes d'État, des systèmes d'irrigation et des centres de démonstration pour les gouvernements africains. Cependant, la courte durabilité de ces projets a poussé les Chinois à revoir leur approche et conférer aux entreprises chinoises un rôle de leadership.

Par conséquent, dans le cadre d'une expérience lancée en 2006, l'aide chinoise est en train de financer 20 centres de recherche sur l'agro technologie, la formation et les démonstrations en Afrique. Le coût de chaque centre construit par un institut de recherche ou une entreprise agroalimentaire chinois s'élève à 9 millions de dollars EU. Le choix des activités de spécialisation est laissé au pays hôte. Par exemple, l'Éthiopie souhaite que son centre fasse la démonstration de la chaine de valeur complète pour les exportations des produits horticoles. Une assistance supplémentaire sera accordée par la Chine à chaque centre pour qu'il fonctionne pendant au moins trois ans. Durant cette période, les experts chinois vont

Moyen-Orient — se sont récemment positionnés comme des partenaires actifs dans la coopération technique et économique dans les régions en voie de développement et particulièrement l'Afrique. En 2009, l'aide publique au développement—ou aide extérieure — provenant des nouveaux donateurs s'est accrue de 4,6 milliards de dollars EU à 10,4 milliards de dollars EU en 2009. (Figure 2) Ces donateurs ont contribué pour près de 10 % aux flux de l'aide mondiale en 2008.[6]

La Chine est en train de s'imposer rapidement comme un important investisseur en Afrique, quoique son engagement dans l'agriculture africaine soit à la fois plus divers et moins important qu'il n'est généralement perçu (voir Encadré 12). Déjà en 2000, la Chine a entrepris de renforcer cette coopération en créant le Forum sur la coopération sino-africaine, qui se tient tous les trois ans. Dans le cadre de cette initiative, la Chine a considérablement augmenté ces dernières années son enveloppe d'aide, en mettant plus l'accent sur le développement de l'agriculture. L'enveloppe de l'aide totale de la Chine en faveur des pays d'Afrique a pratiquement quatriplé, passant de 684 millions de dollars EU en 2001, à 2 476 millions de dollars EU en 2009.[7] Lors de la rencontre de haut niveau des Nations Unies sur les objectifs du Millénaire pour le développement de 2010, la Chine s'est engagée à mettre en place 30 centres de démonstration des technologies agricoles dans d'autres pays en voie de développement, à envoyer 3 000 experts et techniciens d'agriculture dans ces pays, et à convier 5 000 travailleurs du secteur agricole de ces pays à des formations sur son territoire. Jusqu'en 2011, la Chine avait déjà mis en place 14 centres de recherche agricole dans un certain nombre de pays africains.

FIGURE 2 Aide des pays émergents, 2005–09

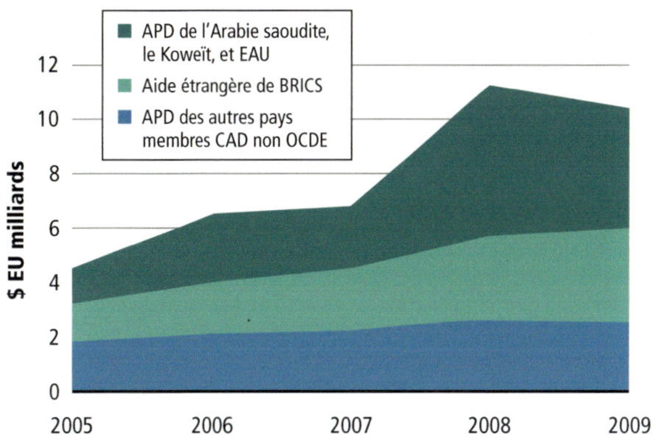

Source: Reproduit à partir de K. Smith, *Non-DAC Donors and Humanitarian Aid: Shifting Structures, Changing Trends* (Somerset, UK: Development Initiatives, Global Humanitarian Assistance, 2011). **Notes:** Les données sur l'aide sont officielles pour l'aide publique au développement (APD). L'OCDE est l'Organisation de coopération et de développement économiques; BRICS représente le Brésil, la Russie, l'Inde, la Chine et l'Afrique du Sud, et le CAD est le Comité d'aide au développement.

montrer les potentialités des centres à créer des activités génératrices de revenus pour soutenir le développement durable (tout en recherchant également de nouvelles opportunités d'affaires pour leurs instituts et leurs entreprises).

Dans le cadre d'une autre expérience, les entreprises chinoises ont commencé à faire louer certains de leurs vieux projets d'aide des années 90, étant donné qu'elles avaient été privatisées : le complexe sucrier Sukula du Mali, les projets Magbass en Sierra Leone et Koba en Guinée, par exemple. En 2004, le ministère chinois du Commerce a commencé à appuyer les opportunités d'affaires spécifiques à chaque pays dans le cadre de l'investissement agricole chinois : le coton en Égypte, les fruits et les noix au Nigéria, le sisal en Tanzanie, le tabac au Zimbabwe, et des produits non spécifiques en Zambie, en Éthiopie, en Guinée, au Bénin, en République démocratique du Congo et au Cameroun.

Jusqu'à présent, peu d'investissements chinois réalisés en Afrique semblent dépasser les 5 000 hectares. Plusieurs des plus grands projets chinois sur les biocarburants, proposés dans les pays tels que la Zambie (jatropha), l'Éthiopie (canne à sucre), et la République démocratique du Congo (maïs) ont été mis en veilleuse ou tout simplement abandonnés. Comme l'a déclaré un responsable chinois en Tanzanie : « L'agriculture est un investissement risqué. Il est difficile d'aboutir à [un] "gagnant–gagnant" »

Les transferts des terres présentent le plus fréquemment, pour les communautés locales, des risques de sécurité alimentaire ; et les grandes plantations chinoises ne font pas exception. Cependant, curieusement, peu de preuves viennent étayer la conception courante selon laquelle les Chinois projettent d'exploiter les terres africaines pour la propre sécurité alimentaire de la Chine. La Chine n'importe aucune céréale d'Afrique — au contraire, le coton, les grains de sésame et le tabac arrivent en tête. Les entreprises agro-industrielles chinoises sont dans des partenariats contractuels avec les petits exploitants locaux qui cultivent le coton (au Malawi, au Mozambique et en Zambie) et le tabac (au Zimbabwe). La plupart des plantations chinoises semblent produire les denrées alimentaires pour les marchés locaux. Au moins pour l'instant, la réalité des faits ne donne pas raison à la rumeur.[1]

ENCADRÉ 13

Brésil : Une nouvelle puissance dans le secteur de l'agriculture

Beatriz da Silveira Pinheiro et Geraldo B. Martha Jr., Embrapa

En 2011, l'excédent des exportations agricoles du Brésil dépassait les 70 milliards de dollars EU. La performance globale de l'agriculture brésilienne durant les quatre dernières décennies a fait passer le Brésil du statut de simple importateur de produits à celui de l'un des principaux acteurs du marché international des produits agricoles. En grande partie, cette extraordinaire transformation était une réponse à une demande croissante des produits agricoles suscitée par le processus d'industrialisation de la période des années 1960 à 1980. Cette période d'industrialisation s'est accompagnée d'une population urbaine sans cesse croissante et de plus en plus riche. Les coûts de renonciation élevés de la main d'œuvre pour les agriculteurs ont conduit à un environnement favorable à la modernisation de l'agriculture. De gros investissements ont été réalisés dans la recherche agricole et dans les efforts pour le développement pendant ces quatre dernières décennies, et même pendant les premières années (années 70 et années 80), lorsque la modernisation de l'agriculture brésilienne ne relevait alors que des promesses.

Alors que la production des denrées alimentaires a augmenté plus que la demande, les prix réels des aliments ont chuté : dans la période 1975–2010, les prix des denrées alimentaires à la consommation ont baissé de moitié. Cette baisse remarquable des prix de ces produits, combinée à la réduction de l'instabilité des prix, a diminué les pressions inflationnistes et assuré la sécurité alimentaire nationale. En plus, les prix plus bas des produits alimentaires ont effectivement stimulé d'autres secteurs de l'économie, car la population payait moins pour l'alimentation et réalisait plus d'économies, notamment les pauvres. Le Brésil a alors sérieusement misé sur les gains de productivité induits par la technologie, laquelle est devenue une caractéristique principale de l'expansion de la production agricole. Sans ces avancées, la réalisation des niveaux de production de 2006 aurait demandé des superficies agricoles supplémentaires de 30 % supérieures au Biome amazonien du Brésil.

Cette croissance vigoureuse dans le secteur agricole a également été à l'origine de l'augmentation des exportations. Pendant les deux dernières décennies, les exportations diversifiées du Brésil, et des oléagineux, des céréales ainsi que des viandes, ont gagné en importance. L'excédent d'exportation résultant a assuré un solde positif de sa balance commerciale, et a soutenu les prix des denrées alimentaires sur les marchés nationaux, avec pour corollaire une augmentation des revenus des agriculteurs. D'un point de vue global, le volume accru des exportations agricoles brésiliennes a été d'un grand apport à la réduction de la faim mondiale et des pressions inflationnistes des prix des denrées alimentaires dans les pays en développement.

L'expérience du Brésil dans la production des produits de base en région tropicale, et ses rapides avancées dans les technologies agricoles à faible carbone telles que les systèmes de cultures et élevage intégrés à très grande productivité, vont renforcer son influence sur les marchés mondiaux. Jusqu'à présent, ce pays utilise moins de 50 % de son aire géographique comme terres agricoles. Cet atout, couplé avec la possibilité de s'appuyer sur les technologies agricoles pour assurer la protection environnementale et accroître la production, va davantage renforcer la position du Brésil sur les marchés agricoles.

Il n'est dès lors pas surprenant que la réussite exemplaire de l'agriculture brésilienne ait aiguisé l'intense appétit des autres pays en développement, principalement ceux d'Afrique, d'Amérique latine et des Caraïbes, qui brûlent d'envie d'en savoir plus sur les technologies agricoles tropicales mises au point par le Brésil. En répondant à cette demande accrue, la Société brésilienne de recherche en agronomie (Embrapa) a de manière significative étendu sa participation aux projets de coopération dans d'autres régions tropicales durant les cinq dernières années, agrandissant ainsi les possibilités pour des partenariats fructueux avec d'autres pays. L'objectif de la coopération d'Embrapa est basé sur le transfert des technologies, le renforcement des capacités et la coopération dans le domaine de la recherche.

L'Inde est également en train de renforcer sa coopération avec l'Afrique. À titre d'exemple, le Sommet du forum Inde-Afrique lancé en 2008, ouvre désormais la voie vers une plus grande coopération, notamment à travers le transfert des technologies agricoles qui répondent aux attentes réelles des petits agriculteurs d'Afrique. L'Inde reste un leader dans les technologies adaptées aux zones tropicales, pas seulement dans le domaine des variétés améliorées mais également dans celui des technologies de gestion des ressources tout aussi importantes pour la satisfaction des besoins des agriculteurs. En plus, l'Inde est un acteur actif dans les initiatives interrégionales de l'Inde, du Brésil et de l'Afrique du Sud—qui ont créé en 2003 un Fonds de facilité pour la réduction de la pauvreté et de la faim en Afrique.

L'Afrique du Sud, qui est un leader dans la technologie agricole, reste un acteur clé dans le transfert des technologies en direction des pays frères d'Afrique. En Amérique latine, le Brésil s'est activement impliqué dans la coopération Sud-Sud pour un développement agricole, tant au sein de cette région elle-même que dans les autres régions en développement et particulièrement l'Afrique. En Afrique justement, l'intervention du Brésil s'est initialement portée vers les pays lusophones tels que l'Angola, le Cap-Vert, la Guinée-Bissau et le Mozambique. Cependant, l'ouverture au Ghana en 2006 de l'Embrapa, son agence de recherche agricole, indique une nouvelle phase dans sa coopération Sud-Sud. Plus récemment, d'autres pays africains, dont le Bénin, la République démocratique du Congo, l'Éthiopie, le Ghana, la Guinée et le Kenya, ont signé des accords de coopération technique avec l'Embrapa et ont commencé à mettre en œuvre des projets conjoints.

LE SECTEUR PRIVE

Le secteur privé pour sa part est aussi en train d'assumer un rôle plus important dans la recherche agricole, la réduction de la pauvreté et la durabilité environnementale. En janvier 2011, le Forum économique mondial a publié une feuille de route innovante pour le développement de l'agriculture de ses acteurs.[8] Cette feuille de route qui a été élaborée par 17 entreprises mondiales, avait pour but de stimuler les investissements des secteurs privé et public ; d'échanger sur les meilleures pratiques environnementales ; de développer les marchés agricoles, y compris les opportunités d'affaires pour les petits agriculteurs ; et d'améliorer l'accès à une alimentation nutritive et à prix abordable. Ceci constitue une étape importante dans l'engagement croissant du secteur privé à contribuer au débat mondial sur le développement agricole et la sécurité alimentaire.

Le secteur privé compte désormais parmi les 10 premiers donateurs du Programme alimentaire mondial. Par ailleurs, de nouveaux protocoles émergents mettant l'accent sur les partenariats avec le secteur privé ont vu le jour pour aider le Programme alimentaire mondial à améliorer sa capacité à sauver des vies et des moyens d'existence dans des situations d'urgence et de désastre, et plus récemment à Haïti, au Pakistan et dans la Corne de l'Afrique. Une autre initiative, le Food Retail Industry Challenge Fund du Département britannique pour le développement international (DBDI), est en train de soutenir les agriculteurs africains à travers des partenariats d'affaires novateurs. Le fonds ambitionne d'améliorer la vie des agriculteurs africains en augmentant les importations européennes des produits agricoles des pays les plus pauvres de l'Afrique sub-saharienne. Jusqu'à présent, le fonds soutient 11 partenariats novateurs liant les agriculteurs aux marchés européens.

Dans les pays en développement, les chaînes de valeurs de la plupart des produits de base restent inefficaces, avec des coûts de transactions élevés qui conduisent à des prix élevés des denrées alimentaires. Lors de la rencontre des ministres de l'Agriculture du G20 sur l'alimentation tenue à Paris, les participants ont discuté sur les conditions qui pourraient amener le secteur privé à stabiliser les marchés mondiaux des denrées alimentaires et à réduire la volatilité des prix. Ils ont conjointement pris l'engagement de stimuler les investissements du secteur privé, en s'appuyant sur la technologie et l'information pour stabiliser les marchés alimentaires mondiaux et de créer des opportunités aux agriculteurs et consommateurs pauvres en cas de survenance de flambée des prix et de volatilité ainsi que de degré de faim extraordinaires. Leurs réflexions ont souligné le fait que le secteur privé peut aider à résoudre le problème de l'insécurité alimentaire, cependant que ses activités doivent être menées en collaboration avec les gouvernements comme faisant partie d'une stratégie intégrée qui vise à rendre le système alimentaire mondial plus durable.[9] Les leaders mondiaux se sont accordés sur les voies conduisant à une meilleure coordination des efforts des secteurs public et privé, comprenant la création des partenariats au niveau national qui engagent le secteur privé dans un développement agricole durable, ainsi que la création d'un forum mondial pour échanger les meilleures pratiques et offrir des intrants de façon régulière au G20.

ORGANISATIONS PHILANTHROPIQUES

Les organisations philanthropiques privées et de la société civile promeuvent le programme de développement agricole mondial à une échelle beaucoup plus grande qu'il y a de cela une décennie. Bon nombre d'organisations non gouvernementales sont en train de se transformer à travers de nouveaux objectifs et de nouvelles approches, en mobilisant des ressources destinées aux programmes de développement, et en agissant indépendamment des programmes financés par les gouvernements.

Le secteur privé compte désormais parmi les 10 premiers donateurs du Programme alimentaire mondial.

La Fondation Bill & Melinda Gates vient d'investir dans un programme de développement agricole ayant pour but d'aider les petits agriculteurs d'Afrique sub-saharienne et d'Asie du sud à améliorer leur productivité, à accroître leurs revenus et à construire un avenir meilleur pour leurs familles. Au cours de la dernière décennie (Figure 3), elle a été une donatrice principale du Groupe consultatif pour la recherche agricole internationale (GCRAI). Jusqu'en juin 2011, la Fondation a consacré environ 12 milliards de dollars

EU pour la recherche et le développement agricoles, les politiques agricoles et l'accès aux systèmes des marchés, de même que dans l'offre de services aux pauvres, l'assainissement des eaux et l'hygiène, sans oublier les campagnes de sensibilisation.

D'autres organisations philanthropiques ont également émergé comme principaux soutiens du développement agricole, de la réduction de la pauvreté, de la gestion des ressources naturelles et de la gestion des risques. On peut citer dans ce registre les trusts de Sir Ratan Tata et celui de Navajbai Ratan Tata qui financent les activités se rapportant à la lutte contre la sécheresse, la micro finance et un retour en force de la révolution verte. Au cours de la période 2010-2011, le trust a alloué 31 millions de dollars US, dont 75 % destinés aux moyens de subsistance et aux communautés rurales.[10] La Fondation Howard G. Buffet finance les projets dans plus de 74 pays sur l'agriculture pour la nutrition. Ces projets sont conçus pour profiter à plus de 1,5 millions de personnes à travers la lutte contre les faibles productivités des cultures, les résultats limités de l'utilisation du bétail et la faim chronique au sein des communautés vulnérables. La Fondation soutient également les initiatives mondiales portant sur l'agriculture de conservation. De la même manière, la Fondation Pepsico (le Bras philanthropique de Pepsico) est en train de créer des partenariats et des programmes afin d'améliorer la santé, l'environnement et l'éducation dans les régions mal desservies.

FIGURE 3 **Le Top 10 des bailleurs de fonds au CGIAR, 2000–10**

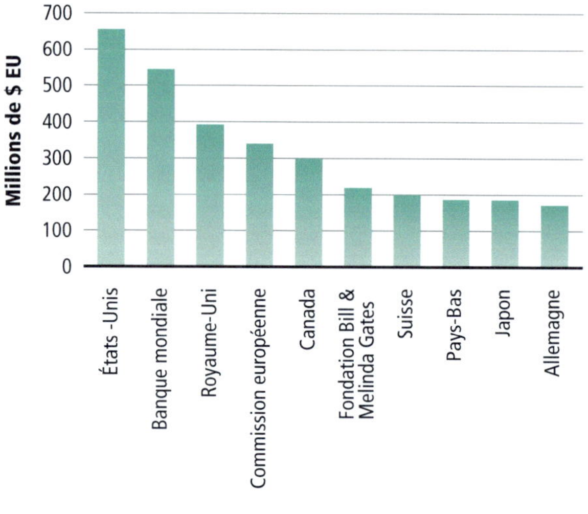

Source: Groupe consultatif pour la recherche agricole internationale, *The CGIAR at 40 and Beyond: Impacts that Matter for the Poor and the Planet* (Washington, DC, 2011).

ENCADRÉ 14

Sociétés privées de bienfaisance et politiques publiques

Prabhu Pingali, Fondation Bill & Melinda Gates

L'apparition des organisations privées à but non lucratif au cours des quinze dernières années a changé la nature de l'aide sur trois grands axes. En 2011, le secteur philanthropique s'est ajouté au nombre des organisations intervenant au plan international et au volume total des flux de l'aide. Malgré l'absence de données statistiques consolidées, les estimations suggèrent que l'aide privée mondiale a doublé entre 2004 et 2009. De même, évaluée à 52,5 milliards de dollars EU en 2009, l'enveloppe des dons privés en direction des pays en développement pourrait tout aussi bien avoir atteint un niveau comparable à celui des secteurs pour lesquels l'aide publique au développement est accordée.[1]

Dans le secteur agricole, l'accroissement des dons issus des organisations caritatives, parallèlement avec l'émergence de nouveaux donateurs bilatéraux—tels que le Brésil, la Russie, l'Inde, la Chine, l'Afrique du Sud (BRICS) et la Corée—intervient à un moment critique, c'est-à-dire lorsque les investissements pour le développement agricole restent largement inadaptés. Le désengagement significatif des donateurs ainsi que l'attention des gouvernements nationaux sur le secteur agricole durant le milieu des années 1980, suite au succès réalisé par la Révolution verte, ont plongé le système alimentaire mondial dans un état de stagnation. La stagnation et la baisse de la croissance de productivité agricole qui en ont découlé, ont été ressenties dans la plupart des pays d'Afrique et d'Asie du sud. La communauté internationale a récemment renouvelé son intérêt pour l'agriculture suite à des crises des prix des denrées alimentaires de 2007-2008 et de 2011. Et désormais, les tendances des dons privés et bilatéraux pourraient donner un signal fort pour le début d'un nouvel élan dans le développement agricole international et, à terme, d'une sécurité alimentaire renforcée de par le monde.

Au delà des flux d'aide, le secteur philanthropique a également réorienté la façon dont l'aide à l'agriculture est en

Les avancées de 2011 se sont poursuivies en 2012, avec l'inauguration par Unilever d'un organisme de bienfaisance lors du Forum économique mondial de 2012 ayant pour objectif d'aider plus d'un milliard de personnes à améliorer leur santé et leur bien-être. Celui-ci collabore également avec le Projet Laser Beam du Programme alimentaire mondial pour l'éradication de la faim et de la pauvreté au Bangladesh et en Inde. En partenariat avec d'autres organisations, il a engagé 50 millions de dollars US en cinq ans pour trouver une solution reproductible et durable ciblée au niveau des ultras pauvres, et particulièrement des femmes.[11]

La Fondation Rockefeller a réorienté sa mission philanthropique pour la promotion du bien-être de l'être humain avec un accent particulier sur l'Afrique. En 2006, elle a lancé l'Alliance pour une révolution verte en Afrique (ARVA) en partenariat avec la Fondation Bill & Melinda. Cette organisation basée en Afrique et dirigée par l'Afrique est chargée d'accroître durablement la productivité et la rentabilité des petites exploitations partout dans le continent. Elle cherche à mettre à la disposition des populations des semences plus résistantes qui fournissent des rendements plus élevés et plus stables, à assurer la fertilité et la productivité des sols, à constituer des marchés agricoles locaux, nationaux et régionaux plus efficients, à mettre en œuvre de meilleures politiques ainsi qu'à créer des partenariats pour mettre au point des technologies et opérer des changements institutionnels requis pour la réalisation d'une révolution verte. L'ARVA a reçu un don de 5 millions de dollars au cours de la période 2011-2012, des Fondations Bill & Melinda Gates et Rockefeller pour l'amélioration de la productivité et des revenus des petits exploitants agricoles d'Afrique, en intégrant ses programmes à ceux des partenaires tels que les gouvernements africains, les centres GCRAI, le secteur privé et de divers programmes du réseau dans les régions greniers des principaux pays.[12]

VERS UNE NOUVELLE DYNAMIQUE DE DEVELOPPEMENT

L'entrée en jeu de nouveaux acteurs a alimenté les appels à de nouveaux acteurs étatiques et non étatiques à s'impliquer même davantage dans la gouvernance de la sécurité alimentaire mondiale. Le G20 en particulier, a comblé une lacune dans la gouvernance mondiale par la création des coalitions qui lient les pays industrialisés et les pays en développement. À titre d'exemple, le G20 a affirmé son soutien pour un rôle plus important du Comité de la sécurité alimentaire mondiale, lors de sa réunion de juin 2011 des ministres de l'Agriculture.[13] Dans sa déclaration ministérielle, le G20 a indiqué son appui pour les travaux du comité en cours, comme la plateforme internationale et

train d'être canalisée dans les pays. Les organisations non-gouvernementales internationales et les organisations bénévoles ont été capables d'assurer des services de base et des biens publics, et par là-même jouant des rôles déterminants que les gouvernements ou les donateurs internationaux ne sauraient jouer. Pendant ce temps, les fondations privées se sont consacrées au renforcement des capacités des institutions de développement local pouvant adapter des solutions aux réalités locales. En plus, à travers des investissements réalisés à tous les niveaux de la chaîne de valeur agricole, elles ont catalysé le développement et le pilotage des solutions, des stratégies ainsi que des modèles innovants — de la culture des graines de haute qualité et de l'amélioration des pratiques de gestion des plantations, à la rationalisation des méthodes d'écoulement des cultures sur les marchés.

La fondation Bill & Melinda Gates s'est positionnée ces dernières années, à côté des principaux donateurs multilatéraux et bilatéraux, comme un des donateurs de premier plan de l'aide pour le développement agricole. Ses apports avoisinent les 400 millions de dollars EU par an en matière de dons au secteur agricole, avec un accent particulier mis sur l'accroissement de la productivité des petits exploitants agricoles en Afrique subsaharienne et en Asie du sud. Au cours de l'année 2011, la fondation a investi 2 milliards de dollars EU dans son programme de développement agricole, montant qui a permis de mettre sur pied des actions entre les partenaires à la fois (1) au niveau mondial, par exemple, des recherches et des développement haut de gamme réalisés par le CGIAR, et (2) aux niveaux national et local, en soutien direct aux agriculteurs et au contexte (notamment de la connaissance, socio-économique et des systèmes écologiques) dans lequel ils évoluent. Les investissements se sont étalés du développement des biens publics mondiaux (tels que les variétés des cultures améliorées et du bétail, les pratiques de cultures, et les données et statistiques agricoles) à la mise en œuvre et le ciblage des programmes porteurs de fruits (par exemple, à travers des efforts visant à rechercher des solutions aux imperfections des marchés locaux ou à s'assurer que les instruments améliorés sont aux mains des agriculteurs). La fondation est convaincue que ces efforts de collaboration contribueront à améliorer la productivité du petit agriculteur et à réduire la pauvreté en Afrique subsaharienne et en Asie du sud.

ENCADRÉ 15

Le secteur privé et la sécurité alimentaire

Derek Yach, PepsiCo

En 2011, PepsiCo Inc. a annoncé avoir mis en place un partenariat avec l'Agence des États-Unis pour le développement international et le Programme alimentaire mondial des Nations Unies afin de promouvoir la stabilité économique pour les petits producteurs de pois chiches en Éthiopie. Les partenaires travaillent avec les agriculteurs éthiopiens, les industries agroalimentaires locales, les instituts de recherche, et les donateurs pour augmenter la productivité des petits producteurs de pois chiches et développer la production alimentaire nécessaire à la réduction de la famine. À terme, le but est d'arriver à exporter la production pour améliorer les moyens de subsistance de la population, tout en subvenant aux besoins de PepsiCo pour sa chaîne d'approvisionnement.

Ceci est un exemple de la façon dont les entreprises privées peuvent participer à la sécurité alimentaire. PepsiCo, qui gère une industrie de production de pois chiches pour le houmous importante et en pleine expansion, ainsi que d'autres entreprises sont constamment à la recherche de moyens de créer de nouveaux marchés, d'investir dans les économies émergentes, de promouvoir une alimentation saine, de garantir la durabilité environnementale tout en assurant leur croissance sur le long terme et leur rentabilité. Ces objectifs empiètent souvent avec les objectifs des organisations publiques et d'autres qui essayent de mettre fin à la famine et de réduire la pauvreté. Le Forum économique mondial, avec sa « nouvelle vision pour l'agriculture », a reconnu les avantages de ces partenariats public-privé et cherche à stimuler et développer les programmes aux multiples acteurs dans de nombreux pays.[1] L'approche impliquant multiples acteurs des politiques

intergouvernementale inclusive la plus importante. En particulier, il a insisté sur la responsabilité du comité à améliorer la participation du secteur privé et à renforcer les coopérations Nord-Sud, Sud-Sud et triangulaire. Lors de son propre sommet tenu à Rome en octobre 2011, le comité de la sécurité alimentaire mondiale a introduit pour la première fois dans les négociations les deux acteurs à la fois, à savoir le secteur privé et les organisations philanthropiques.

Le G20, en particulier, a comblé une lacune dans la gouvernance mondiale par la création des coalitions qui lient les pays industrialisés et les pays en développement.

La coopération Sud-Sud devient de nos jours un point à l'ordre du jour des discussions mondiales sur l'efficacité de l'aide.[14] La coopération triangulaire entre les donateurs traditionnels de l'aide, les nouveaux donateurs et les pays bénéficiaires constitue une voie à suivre. La plupart des engagements de la Chine envers l'agriculture africaine sont exprimés à travers son don de 30 millions de dollars EU de 2009 en faveur du Programme spécial pour la sécurité alimentaire de l'Organisation des Nations Unies pour l'alimentation et l'agriculture. Plusieurs agences d'aide bilatérale, telles que celles de l'Allemagne, du Japon et du Royaume-Uni, sont certes en train de mettre fin à leurs programmes bilatéraux en Chine, mais elles recherchent activement de nouveaux partenariats avec la Chine pour venir en aide à l'Afrique. À titre d'exemple, après avoir mis fin à ses programmes bilatéraux en mars 2011, le DFID China a commencé à mener des activités pour le compte du Programme de partenariat pour le développement mondial, qui représente un nouveau cadre du DFID pour l'engagement des nouvelles puissances et des nouveaux partenaires dans le développement mondial. Le programme soutiendra les activités de collaboration avec la Chine dans les secteurs tels que l'agriculture, le changement climatique et la santé. Certaines de ces activités seront ciblées sur certains pays en développement précis.

La fondation Bill & Melinda Gates est également en train de mettre en route sa propre coopération avec les pays émergents d'Afrique.[15] Et en novembre 2011, la Fondation a annoncé un partenariat avec le Brésil visant à améliorer la productivité agricole des petits agriculteurs d'Afrique sub-saharienne et d'Asie du sud. Une subvention d'environ 2,5 millions de dollars EU a été accordée à Embrapa pour permettre aux organisations brésiliennes et africaines, spécialisées en recherche agricole, de contribuer au développement agricole visant à améliorer la productivité des petits agriculteurs des pays en développement. Durant la même période pratiquement, la Fondation Gates et le ministère chinois des Sciences et Technologies alimentaires recourt aux entreprises agro-alimentaires car cela réduit les risques qu'elles partagent avec d'autres secteurs, comme les risques liés au changement climatique et à l'instabilité des prix des denrées de base, et avec d'autres entreprises privées, comme le risque lié à la pénétration de nouveaux marchés. Les initiatives impliquant multiples acteurs permettent de déployer des sources de financements croisées, publiques et privées, de façon à satisfaire le besoin de rentabilité du secteur privé et les objectifs de développement rural des agences de développement et pour soulager la famine. Elles permettent aussi des investissements proportionnés dans les infrastructures bénéficiant à la fois aux entreprises et à la société.

L'implication de PepsiCo dans des débats et projets aux multiples acteurs modifie la façon dont les entreprises font des affaires et avec qui elles mettent en place des partenariats. Par exemple, lors d'une initiative conjointe avec le ministère chinois de l'Agriculture, PepsiCo a annoncé vouloir construire et gérer des fermes-modèles utilisant les techniques les plus modernes en terme d'irrigation, d'engrais et de gestion de culture.[2] PepsiCo a permis une augmentation du rendement des cultures de pommes de terre en Chine, atteignant 45 tonnes par hectare — un niveau standard dans le monde — tout en réduisant jusqu'à 50% la consommation d'eau nécessaire à la production grâce à la mise en place de techniques d'irrigation avancées.[3] Au Mexique, par un partenariat avec la Banque interaméricaine de développement et le gouvernement, l'entreprise a cofinancé le renforcement de la capacité de production de tournesol. Ceci permettra de réduire la dépendance de PepsiCo à l'huile de palme, et grâce à des accords d'achats anticipés, aidera les agriculteurs locaux à sortir de la pauvreté. En Inde, PepsiCo travaille avec des universitaires et des associations de consommateurs locaux pour améliorer l'accès des jeunes femmes à des produits nutritionnels enrichis en fer à des prix abordables permettant à l'entreprise d'atteindre les communautés urbaines pauvres et de partager des messages qui suscitent leur intérêt.[4]

Les entreprises telles que PepsiCo apportent de nouvelles perspectives et des points de vue intéressants dans la lutte contre la faim et la pauvreté. Toutefois, le secteur privé ne détient pas toutes les réponses. Les partenariats, la collaboration et l'échange de connaissances entre les secteurs privé et public, ainsi qu'avec la société civile, aideront réellement à relever les défis du développement et bénéficieront aux communautés du monde entier.

ont conclu un accord visant à mettre au point des technologies destinées à stimuler la croissance des pays en développement et promouvoir la réalisation des objectifs du Millénaire pour le développement. Ces partenariats témoignent du rôle essentiel que les économies émergentes telles que le Brésil et la Chine peuvent jouer en suscitant l'innovation pour la réduction de la pauvreté et de la faim dans le monde.

Il reste que les opportunités qu'offrent ces nouveaux acteurs n'ont pas encore été totalement exploitées.[16] L'opinion semble s'accorder sur le fait que dans l'accroissement des investissements agricoles, la priorité devrait être donnée à la production vivrière des petits exploitants. Toutefois, la Nouvelle vision pour l'agriculture africaine lancée par 17 entreprises multinationales lors du Forum économique mondial de 2011, n'a pas fait allusion aux organisations des petits exploitants agricoles ou au comité de la sécurité alimentaire mondiale.[17] De même, le secteur privé a brillé, jusqu'à récemment, par son absence du Comité de la sécurité alimentaire mondiale réformé, et sa participation s'est essentiellement limitée aux entreprises multinationales, bien que de nouvelles formes de participation du secteur privé aient été proposées.[18] Afin d'impliquer de nouveaux acteurs et de conserver les anciens dans le système de sécurité alimentaire mondial, il est crucial de renforcer la coopération et de bâtir la confiance entre les différentes parties prenantes à travers la mise en place de solides coalitions de partenaires sérieux aux niveaux local, régional et mondial. ■

DÉVELOPPEMENTS RÉGIONAUX

La politique alimentaire prend forme au niveau local

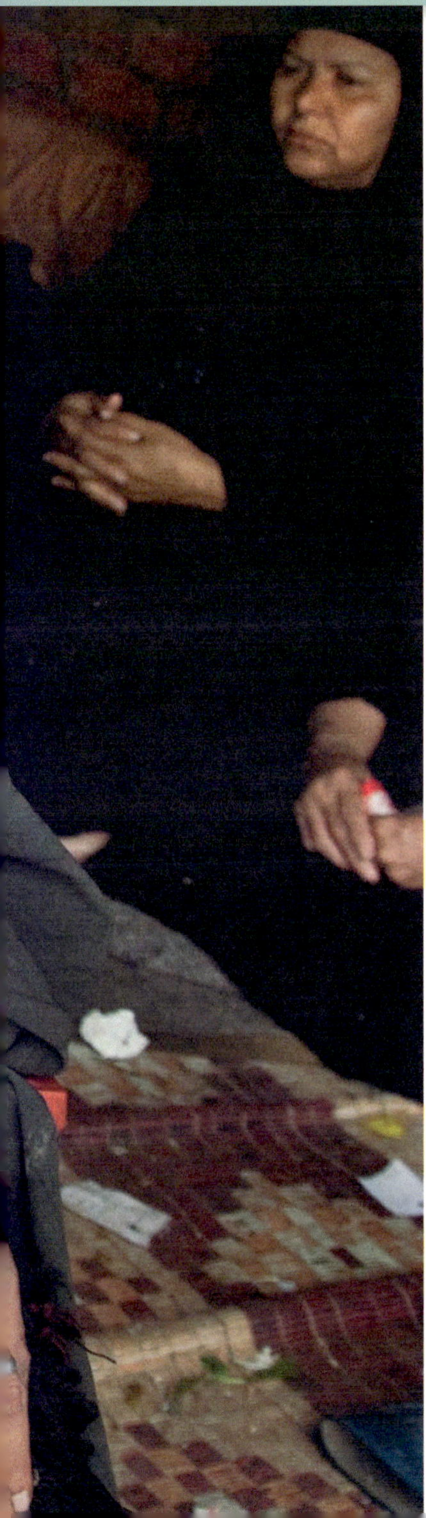

Outre les défis mondiaux et les opportunités de 2011 sur le plan des politiques alimentaires, différentes régions et pays ont connu des développements considérables susceptibles d'entraîner des répercussions importantes qui seront décrites dans le présent chapitre. Au début de l'année 2011, les événements en Tunisie ont déclenché le «printemps arabe» en Afrique du Nord et dans le monde arabe, posant ainsi de nouveaux défis en matière de sécurité alimentaire dans la région. Au sud, l'Afrique subsaharienne a enregistré des progrès au niveau de son cadre continental destiné à améliorer la croissance agricole pour une meilleure sécurité alimentaire et une réduction de la pauvreté. Cette région a aussi poursuivi des efforts visant à accroître la productivité agricole ainsi que les revenus tout en continuant la transformation économique au-delà de l'agriculture. Ainsi, même si une crise alimentaire a frappé la Corne de l'Afrique, les progrès enregistrés ailleurs, démentent l'image d'un continent embourbé dans les ténèbres. L'Inde, après avoir déjà atteint une croissance économique et une meilleure productivité agricole, a tourné son attention sur la sécurité alimentaire nationale. Il a répondu à un mouvement extraordinaire « du droit à l'alimentation » en mettant en œuvre le plus vaste programme mondial de lutte contre la faim et a relancé d'autres initiatives destinées à lutter contre la malnutrition qui reste élevée malgré le succès économique du pays.

La sécurité alimentaire des ménages a également été le principal objectif des politiques alimentaires et des investissements de la Chine en 2011, lesquels ont été axés sur la conservation de l'eau ainsi que la recherche et le développement agricoles. La Chine s'est également engagée dans le développement agricole à l'étranger, notamment en Afrique, quoique son engagement y soit moindre et de plus longue date qu'on ne le croit souvent (voir Encadré 12 au Chapitre 8). Le Brésil a même fait preuve de beaucoup plus d'initiatives en renforçant son rôle dans le système alimentaire mondial. En réussissant à accroître la production agricole, le pays a consolidé sa position sur les marchés agricoles mondiaux et est devenu un acteur de plus en plus actif sur la scène internationale (voir Encadré 13 au Chapitre 8).

Moyen-Orient et Afrique du Nord

Printemps arabe et sécurité alimentaire

Clemens Breisinger, Olivier Ecker, Perrihan Al-Riffai, et Bingxin Yu, IFPRI

L'auto-immolation d'un jeune homme tunisien en décembre 2010 a déclenché une vague de protestations et de soulèvements dans le monde arabe en 2011. Le Bahreïn, l'Égypte, la Libye, la Syrie, la Tunisie et le Yémen ont été les plus directement touchés par le printemps arabe, mais ce printemps a pu aussi impulser le changement dans d'autres pays arabes. Avec les possibilités offertes, sont nés des enjeux majeurs pour les États et la société civile. À court terme, les pays en transition ont assisté à un brusque ralentissement de la croissance économique et une augmentation connexe du chômage. De plus, l'instabilité politique couplée à la flambée des prix des vivres et du carburant, a entraîné une hausse généralisée des subventions au carburant et aux produits alimentaires, des salaires du secteur public et des autres dépenses sociales du gouvernement.[1] En conséquence, les pays importateurs de pétrole en particulier connaissent de plus en plus de déficits budgétaires et l'inflation tant dans les pays exportateurs qu'importateurs de pétrole devrait augmenter, avec une contraction des réserves de change. En outre, les préoccupations liées aux conflits et à la sécurité ont freiné le tourisme, les envois de fonds, et l'investissement direct étranger dans la région.[2] Relever ces défis à court terme sera essentiel à la réussite du processus de transition.

Il faudra également aborder les défis de longue date dans la région pour parvenir à la prospérité. Les problèmes politiques tout comme les questions socioéconomiques ont probablement contribué à l'apparition du printemps arabe.[3] Au nombre des facteurs socioéconomiques figurent: le chômage, notamment par mi les jeunes, les disparités croissantes au niveau des revenus, et un risque élevé d'insécurité alimentaire tant pour les pays que pour les ménages (Figure 1). Même si les dépenses publiques sont relativement élevées dans les pays arabes, elles contribuent moins à la croissance économique que dans les autres régions du monde. Par ailleurs, dans les pays arabes, les pauvres ne profitent pas aussi facilement de la croissance économique que dans le reste du monde. Dans la plupart des pays, la croissance agricole, par exemple, se traduit par une réduction significative de la dénutrition infantile, mais pas dans les pays arabes. La croissance induite par le secteur manufacturier et celui des services dans la région arabe s'aligne beaucoup plus sur celle du reste du monde, et, avec un environnement propice aux affaires, ces secteurs ont un grand potentiel de création d'emplois et d'amélioration du bien-être des pauvres.

Trouver des solutions à ces défis nécessitera une vaste feuille de route économique et des stratégies de développement spécifiques aux pays. La recherche peut être utile en apportant des preuves permettant d'identifier les avantages et les inconvénients des différentes options stratégiques. Afin d'améliorer la sécurité alimentaire et réduire la pauvreté, les décideurs arabes doivent mettre l'accent sur les domaines clés suivants :

1. **Améliorer les données et la capacité de prise de décision basée sur des preuves.** Les décisions basées sur des données erronées peuvent détruire les économies, nuire au bien-être des populations et causer d'énormes pertes financière. Les décideurs et les votants ont donc besoin de données de référence réalistes et exactes. Actuellement, certains chiffres officiels, tels que les indicateurs officiels de pauvreté et d'inégalité, peuvent sous-estimer l'ampleur des problèmes qui se posent à beaucoup de pays arabes. Admettre que ces données sont erronées permettra d'accroître la crédibilité des décideurs et de fixer des objectifs par rapport auxquels l'on pourra évaluer les progrès futurs de façon plus réaliste. Les pays devraient non seulement améliorer la qualité de leurs données, mais les rendre également, plus accessibles.

2. **Favoriser une croissance qui améliore la sécurité alimentaire.** Favoriser la croissance économique est fondamental pour améliorer la sécurité alimentaire. Pourtant, certains types de croissance contribuent davantage à l'amélioration de la sécurité alimentaire au niveau du pays tandis que

FIGURE 1 **Le risque d'insécurité alimentaire dans les pays arabes, y compris en Iran et en Turquie, 2011**

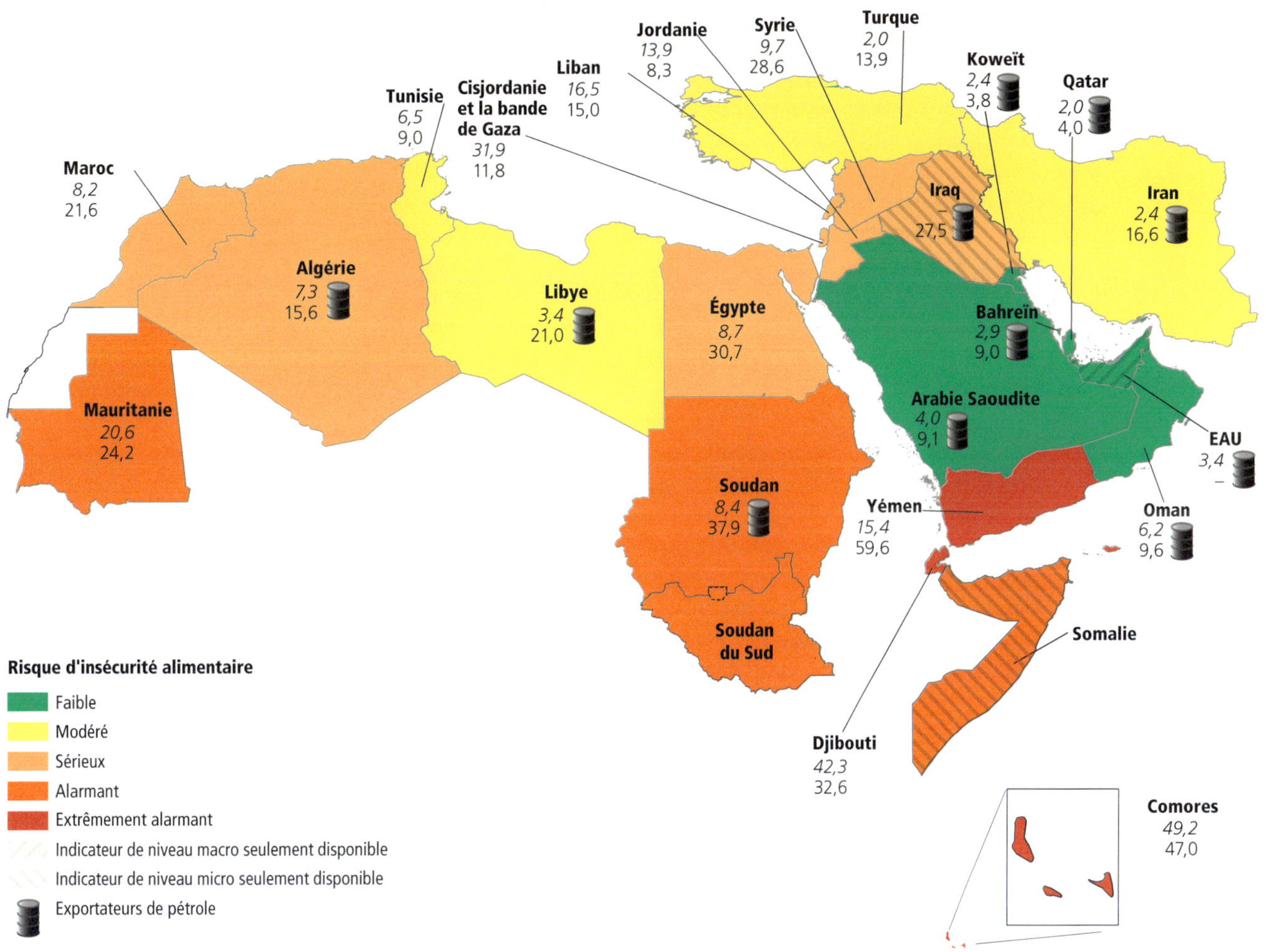

Niveau macro: Importations alimentaires/(total des exportations + transferts nets) (%)
Niveau micro : Tel que mesuré par la prévalence du retard de croissance des enfants (%)

Source: C. Breisinger, O. Ecker, P. Al-Riffai, et B. Yu, *Beyond the Arab Awakening: Policies and Investments for Poverty Reduction and Food Security*, Rapport IFPRI sur les politiques alimentaires (Washington, DC: Institut international de recherche sur les politiques alimentaires, 2012). **Note:** Le risque d'insécurité alimentaire décrit la vulnérabilité des pays (niveau macro) et des ménages (niveau micro).

d'autres ont plus d'effets sur la sécurité alimentaire à l'échelle des ménages. La croissance induite par les exportations génère des revenus en devises pour les importations alimentaires, améliorant ainsi la sécurité alimentaire au niveau du pays. Une croissance inclusive qui génère des emplois et augmente les revenus des pauvres améliore la sécurité alimentaire à l'échelle du ménage. La croissance, combinée à des systèmes fiscaux appropriés, génère également des recettes publiques pouvant être consacrées aux dépenses publiques sur la sécurité alimentaire.

3. **Améliorer l'efficacité et l'allocation des dépenses publiques.** Les pays arabes doivent urgemment revoir l'efficacité et l'allocation des dépenses publiques et y apporter des améliorations au besoin. En règle générale, la plupart des pays exportateurs de pétrole qui ont des excédents budgétaires peuvent compenser les inefficacités en augmentant les dépenses, alors que les pays importateurs de pétrole qui ont des déficits budgétaires doivent réaffecter les dépenses et améliorer l'efficacité des dépenses pour atteindre les objectifs de développement. Les importateurs

de pétrole tout comme les exportateurs de pétrole doivent, cependant, avoir un réel intérêt à rentabiliser, davantage, leurs dépenses. Plusieurs facteurs spécifiques au pays affectent l'efficacité des dépenses publiques, y compris le niveau de développement économique, la taille du secteur public, la compétence du secteur public, la gouvernance, la stabilité politique et la sécurité des droits de propriété. Comme dans le cas des stratégies de croissance, les plans d'investissement doivent tenir compte des conditions particulières des pays. Ces plans d'investissement doivent également s'aligner sur les stratégies de croissance au niveau local et celui des sous-secteurs pour assurer un maximum de cohérence et d'impact sur le développement.

Leur conception et mise en œuvre tout comme celle des autres priorités en termes de politiques et d'investissements nécessiteront un leadership visionnaire, de bonnes lois et institutions, des politiciens qui rendent compte et qui écoutent la voix du peuple, et une société civile patiente qui adhère aux principes démocratiques. Le monde arabe s'est réveillé. Il est maintenant temps de prendre les mesures nécessaires pour un monde arabe sécurisé au plan alimentaire et sans pauvreté.

Afrique

Passer de la reprise à la transformation économique

Ousmane Badiane, IFPRI

Après plusieurs décennies de stagnation, les économies africaines ont amorcé une reprise remarquable qui a commencé à la fin des années 1990 et qui se poursuit encore aujourd'hui. En tant que région, l'Afrique subsaharienne connait une croissance moyenne de plus de 5% par an.[4] Le prochain défi pour les pays africains est de passer de la reprise à la transformation économique (voir Encadré 16). Une telle transformation exigera des pays, une augmentation de la productivité dans les secteurs agricole et rural ainsi qu'une diversification dans les secteurs à plus forte productivité et ceux de la manufacture en zone urbaine. Il devrait en être de même dans le secteur des services qui produit des biens et services de plus grande valeur. Le résultat serait une plus grande productivité économique globale et des avancées dans le relèvement des revenus ruraux vers le niveau des revenus urbains.

ENCADRÉ 16

Œuvrer en faveur des progrès agricoles en Afrique

Tsitsi Makombe, IFPRI

L'année 2011 a enregistré des progrès significatifs dans la mise en œuvre du Programme détaillé de développement de l'agriculture africaine, le cadre continental de l'Union africaine qui oriente les efforts nationaux visant à améliorer la croissance agricole et les progrès vers la réduction de la pauvreté ainsi que la sécurité alimentaire et nutritionnelle. Six pays ont tenu des tables rondes et signé des pactes, portant à 29 le nombre de pays qui l'ont fait. La plupart des pays ont maintenant adopté un plan national d'investissements agricoles à la suite d'un examen technique du plan et d'une réunion d'affaires qui a permis de valider le plan et déterminer son mode de financement.

Dans les plans nationaux d'investissements agricoles, les pays se sont engagés à augmenter leur niveau d'investissement dans l'agriculture. Le programme demande aux États de relever les dépenses agricoles à 10% des budgets nationaux et de réaliser un taux de croissance agricole annuel de 6%. Sur la base des dernières données disponibles, seuls 8 pays ont atteint l'objectif de 10% du budget, et 17 ont enregistré des taux de croissance d'au moins 6% en 2009.[1] Un plus grand nombre de pays devrait avancer vers l'objectif budgétaire après l'adoption de leurs plans nationaux d'investissements agricoles. Par exemple, la part du budget rwandais consacré à l'agriculture représentait à peine 3,5% de son budget en 2007, lorsque le pays a signé son pacte. Mais, après que le Rwanda ait finalisé son plan national d'investissements agricoles en 2009, la part du budget agricole est passée à 6,8% en 2010-11.[2]

Les bailleurs de fonds ont intensifié les efforts d'alignement et d'harmonisation de leur Programme en 2011. Ils ont financé le Programme de manière bilatérale et multilatérale par le biais de son fonds fiduciaire multi-donateurs et du programme

UNE CROISSANCE DÉSÉQUILIBRÉE

Au cours de la majeure partie de la période précédant la reprise actuelle, la productivité globale des pays africains avait, au mieux, stagné. Cette situation a lieu parce que la main d'œuvre a migré du secteur agricole relativement plus performant vers le secteur non agricole, qui est dominé par un secteur des services moins productif, mais néanmoins en pleine expansion.[5] Les principaux facteurs derrière ce processus ont été la négligence relative de l'agriculture dans les politiques nationales et l'urbanisation rapide. La proportion de personnes employées dans l'agriculture ayant chuté beaucoup plus rapidement que n'a augmenté leur productivité, la part de l'agriculture dans le produit intérieur brut (PIB) a diminué rapidement dans la plupart des pays africains. Dans la majorité de ces pays, la main- d'œuvre a migré hors de l'agriculture à un rythme plus rapide que celui auquel elle peut être absorbée dans le secteur non agricole, minant ainsi la croissance de la productivité, non seulement dans l'agriculture, mais dans l'économie en général. Le problème réside aussi bien dans la croissance agricole lente que dans la faible absorption de la main d'œuvre dans les secteurs non agricoles.

Pour la moyenne des pays africains, la taille du secteur agricole en tant que part du PIB est près de 20 points de pourcentage plus inférieure à ce que l'on pourrait s'attendre sur la base du niveau actuel de développement économique. D'autre part, le secteur des services est environ 20 points de pourcentage plus élevé que prévu.[6] Ce déséquilibre dans la croissance des deux secteurs a ralenti la productivité et la croissance des revenus en Afrique. Comment les pays africains peuvent-ils tirer parti de la reprise de la croissance agricole et économique en cours des 15 dernières années pour stimuler la transformation de leurs économies?

NON SEULEMENT L'AGRICULTURE, MAIS L'INDUSTRIALISATION

Pour réussir le changement structurel, les pays ont besoin de produire des biens plus sophistiqués, de plus grande valeur et dont la demande croît à l'échelle mondiale avec l'augmentation des revenus dans le monde entier. Les décennies de stagnation économique qui ont précédé la reprise actuelle de l'Afrique sont le signe que les économies africaines n'ont pas réussi dans la promotion de produits plus sophistiqués. De 1962 à 2000, l'indicateur moyen du degré de sophistication de tous les produits fabriqués par les pays africains était de 50 à 60% inférieur à la moyenne estimée pour un échantillon de 97 autres pays.[7] La valeur de l'indicateur

mondial pour l'agriculture et la sécurité alimentaire. Le Fonds fiduciaire multi-donateurs soutient les processus de mise en œuvre du Programme tandis que le programme mondial pour l'agriculture et la sécurité alimentaire aborde les éventuels problèmes de sous-financement des plans nationaux d'investissements agricoles. D'une subvention de 46,5 millions de dollars EU en 2011 pour soutenir le plan national d'investissements agricoles du Libéria, le programme mondial pour l'agriculture et la sécurité alimentaire a maintenant alloué plus de 270 millions de dollars EU à six pays africains, en appui à la mise en œuvre de leurs plans nationaux d'investissements agricoles.

Le processus de mise en œuvre du programme s'est heurté à des défis. L'engagement de la société civile et du secteur privé a été limité dans certains pays alors que certains plans nationaux d'investissement agricoles avaient une croissance, des objectifs de réduction de pauvreté et des besoins de financement irréalistes. Néanmoins, ces défis sont déjà en train d'être abordés. Le Nouveau partenariat pour le développement de l'Afrique (l'agence de planification et de coordination de l'Union africaine) et les partenaires au développement ont demandé des directives pour la participation des acteurs non étatiques, et la 7e réunion de la Plateforme de partenariat du Programme détaillé de développement de l'agriculture africaine, tenue en mars 2011, a recommandé leur diffusion systématique et ciblée dans les différents pays. Des efforts sont également en cours pour renforcer la capacité de mise en œuvre des pays et améliorer la qualité des plans nationaux d'investissements agricoles. Par exemple, les systèmes d'analyse stratégique et d'appui à la connaissance (en cours de création avec l'appui technique de l'Institut international de recherche sur les politiques alimentaires et les Systèmes régionaux d'analyse stratégique et d'appui à la connaissance) dans les différents pays, devraient permettre d'améliorer les capacités d'analyse et d'examen pour une planification, une mise en œuvre et un suivi-évaluation des politiques agricoles fondées sur des preuves. Il convient de noter que la mise en œuvre du programme coïncide avec la reprise de la croissance agricole sur le continent.[3] La croissance agricole renouvelée offre une base solide aux pays africains à mesure qu'ils travaillent à mettre en œuvre leurs plans d'investissements agricoles.

estimé pour les produits agricoles est non seulement faible, mais stagne depuis les années 1960.

Dans les années soixante, la plupart des pays africains ont poursuivi une stratégie d'industrialisation induite par le secteur public et conçue pour se substituer aux produits importés. L'échec généralisé de ces efforts a laissé la plupart des pays africains sans aucune stratégie audacieuse et crédible en faveur de l'industrialisation.

Une transformation économique réussie est liée à une série de changements dans l'ensemble de l'économie. Ces changements incluent une augmentation de la taille absolue et relative de la production industrielle; une hausse du nombre et de la nature des produits industriels; de nouvelles techniques de combinaison du travail, du capital et de la technologie pour produire des biens dans l'industrie, ainsi que des changements dans les coûts connexes; et un changement dans les sources d'approvisionnement de l'économie en produits existants et innovants.[8] Dans ce processus, les industries doivent apprendre comment combiner et recombiner les actifs existants et nouveaux pour mettre en place de nouvelles entreprises et créer des produits répondant aux besoins des nouveaux marchés.[9]

Les risques et incertitudes auxquels sont confrontés les entrepreneurs dans la production, pour la première fois, d'un nouveau produit, constituent un facteur déterminant de la capacité d'une économie à se diversifier en faveur de produits de plus grande productivité. À mesure qu'ils augmentent leurs investissements dans le développement agricole[10], les pays africains doivent également renouveler les stratégies d'industrialisation afin de tirer parti de la reprise actuelle. Ces stratégies devraient cibler les facteurs technologiques, institutionnels et infrastructurels qui augmentent le niveau de risque et d'incertitude lié à l'innovation entrepreneuriale. En fin de compte, les politiques d'industrialisation doivent élargir l'arsenal technologique d'un pays et renforcer sa capacité à les appliquer pour créer de nouveaux produits de plus grande valeur.[11] Les pays africains auront besoin de redécouvrir les moyens de promotion de la croissance industrielle et pourraient avoir besoin d'observer les pays émergents d'Asie où le l'action publique en faveur de la croissance industrielle a été un élément clé du développement économique.[12]

Les politiques industrielles de l'Afrique doivent chercher à encourager la création et la croissance des entreprises, pas seulement dans l'industrie, mais également dans l'agro-industrie et le secteur informel. Au cours des trois premières décennies du XXIe siècle, la demande alimentaire en Afrique devrait augmenter de 100 milliards de dollars EU, dont un tiers pourrait être satisfaite par les petits exploitants.[13] Cette demande croissante crée une réelle motivation et offre la possibilité d'une industrialisation basée sur l'agro-industrie à moyen terme. Les stratégies devraient inclure non seulement des programmes visant à accroître la productivité des exploitations agricoles, mais aussi le développement des nouvelles technologies de transformation et d'emballage pour soutenir l'innovation des produits et la création de réseaux de distribution compétitifs ainsi que des infrastructures de transport allant au-delà des frontières nationales. Le Programme détaillé de développement de l'agriculture africaine peut être utile ici en promouvant la planification et la mise en œuvre de politiques fondées sur des preuves ainsi que la création d'opportunités pour des partenariats public-privé stratégiques et des alliances d'entreprise à entreprise. Les politiques d'industrialisation doivent également se concentrer sur le secteur informel qui produit actuellement des produits ménagers de moindre qualité. Ce secteur a un potentiel énorme pour la croissance et le renforcement des entreprises ainsi que l'amélioration des produits et l'innovation.[14]

Inde

Consacrer le droit à l'alimentation

M. S. Swaminathan, M. S. Swaminathan Research Foundation (Fondation de recherche M. S. Swaminathan)

La faim et la malnutrition ont longtemps anéanti les populations et les progrès de l'Inde. En 2011, l'État indien a fait un grand pas vers l'éradication de cette injustice à l'échelle nationale (voir Encadré 17). Avec l'introduction de la *National Food Security Act (loi nationale en faveur de la sécurité alimentaire)*, le «*ship to mouth*» (expression utilisé généralement en référence à la dépendance antérieure du pays sur les cargaisons de produits alimentaires) qui existait en Inde, est en passe de devenir celui de la sécurité alimentaire et de la santé grâce à la mise en œuvre du plus grand programme mondial de protection sociale contre la faim au moyen de produits du cru.

Vu les conditions qui ont prévalu en Inde depuis son accession à l'indépendance en 1947, la *National Food Security Act* sonne comme une victoire historique en ce sens qu'elle positionne les institutions et les individus au cœur de la lutte radicale contre la faim et la malnutrition. Dans un passé récent, au cours des années 1960 notamment, l'Inde a reçu la plus grande quantité d'aide alimentaire concessionnelle dans le monde entier; dans la seule année de 1966, le pays a importé plus de 10 millions de tonnes de blé. Aujourd'hui, la nouvelle Loi *(National Food Security Act)* exige de l'Inde

ENCADRÉ 17

L'économie indienne décolle, mais l'amélioration nutritionnelle stagne

P. K. Joshi et SuneethaKadiyala, IFPRI; S. MahendraDev, Indira Gandhi Institute of Development Research (Institut Indira Gandhi de recherche sur le développement)

L'Inde a alloué des ressources supplémentaires en 2011 aux programmes en cours qui sont axés sur la réduction de la pauvreté et l'éradication de la faim et de la malnutrition. Le pays a une forte croissance économique, une production exceptionnelle de céréales vivrières, et d'importants stocks régulateurs de vivres, ce qui devrait généralement dénoter d'une amélioration des chiffres relatifs à la pauvreté et la malnutrition. Cependant, la pauvreté reste omniprésente en Inde ; la malnutrition y est répandue, et l'état nutritionnel du pays est à la traîne, loin derrière le Brésil ou la Chine. Pour résoudre ce problème, l'État indien a lancé un éventail de programmes et de mesures politiques, qu'il augmente couramment, pour le bien-être des pauvres, notamment les femmes et les enfants.[1]

Actuellement, plus de 40% de la population indienne gagne moins de 1,25 dollars EU par jour. Les estimations montrent qu'un tiers de toutes les femmes indiennes présentent une insuffisance pondérale; près de la moitié des enfants indiens sont rabougris et 40% présentent une insuffisance pondérale. Les taux de carences en micronutriments sont également très élevés. Les principales raisons pour lesquelles les taux de nutrition en Inde sont autant à la traîne derrière ses performances économiques sont: (1) la faible productivité agricole; (2) les faibles revenus de la majorité de la population rurale, et (3) l'accès limité des populations pauvres aux programmes d'éducation et d'alimentation, de santé, et de nutrition.[2] Pour accroître les revenus, entre autres préoccupations, les dépenses budgétaires du gouvernement pour le *Mahatma Gandhi National Rural Employment Guarantee Scheme* (Programme National Mahatma Gandhi pour l'emploi rural) sont passées de 2,60 milliards de dollars EU en 2006-07 à 8,91 milliards de dollars EU en 2010-11. Ce programme phare vise une meilleure sécurisation des moyens de subsistance des ménages dans les zones rurales en leur garantissant au moins 100 jours d'emploi rémunéré par an, avec une participation féminine de 33%.

Ce programme a généré des opportunités d'emploi dans les zones rurales et a eu un impact positif sur les dépenses de consommation, la consommation d'énergie et de protéines, et l'accumulation d'actifs par les pauvres en milieu rural. L'État entend étendre la portée du *Mahatma Gandhi National Rural Employment Guarantee Scheme* en offrant des emplois permettant de créer des actifs permanents pour le pays (telles les structures de conservation de l'eau) et de construire des infrastructures (comme les pistes rurales). Pour améliorer l'accès aux vivres, le système public de distribution offre des vivres fortement subventionnés à la population vivant en dessous du seuil de pauvreté. Le système public de distribution devrait être réorienté et mis en œuvre à travers la *Food Security Act* proposée. La mise en œuvre de ladite loi était prévue pour 2011, mais elle attend actuellement l'approbation du parlement. De nombreux observateurs voient pour ces programmes, des résultats mitigés sur la base essentiellement de la qualité variable de la gouvernance du programme et du manque de coordination appropriée par les différents départements. Le défi est de rendre ces programmes efficients et plus accessibles aux pauvres, ou efficaces à grande échelle.

L'Inde a encore du chemin à faire pour assurer la sécurité nutritionnelle. Certaines estimations montrent qu'au rythme actuel des actions, le premier objectif du Millénaire pour le développement, à savoir la réduction de moitié du nombre de personnes sous-alimentées d'ici à 2015 ne sera atteint par l'Inde qu'en 2042, c'est-à-dire avec un retard de 28 ans.[3] Ce serait inacceptable au regard de la performance économique exceptionnelle du pays. Les programmes et ressources exigent une convergence, des institutions transparentes et une gouvernance inclusive pour un plus grand impact. La pauvreté et la dénutrition continues devraient saper les progrès de l'Inde en tant qu'économie émergente très performante.

Les passerelles entre l'agriculture et la nutrition sont maintenant bien reconnues (voir Chapitre 6), d'où la nécessité d'aligner les programmes existants sur les innovations agricoles. Il existe un écart entre production agricole et sécurité nutritionnelle, lorsque, dans le cas de l'Inde par exemple, la majorité des agriculteurs détenant moins de deux hectares de terres sont des acheteurs nets de denrées alimentaires. La production de produits nutritifs à haute valeur (tels que le lait, la volaille, la viande et le poisson) par les petits exploitants leur permettrait d'augmenter leurs revenus et de jouir d'une sécurité alimentaire et nutritionnelle.

qu'elle fournisse plus de 60 millions de tonnes de blé, de riz et de mil produits localement à un prix fortement subventionné aux citoyens vivant en dessous du seuil de pauvreté. Ce n'est là qu'une des nombreuses façons dont cette nouvelle loi (une fois minutieusement examinée, légèrement modifiée, et promulguée comme loi) promet de lutter sur plusieurs fronts, contre la faim.

Malgré les multiples efforts passés de l'Inde pour accroître la sécurité alimentaire et nutritionnelle, les améliorations à grande échelle ont été minimes. Un récent rapport indique que «les niveaux de la dénutrition maternelle et infantile restent obstinément trop élevés.»[15] L'édition 2011 du rapport sur le développement humain relève que l'indice de masse corporelle, qui est une bonne mesure de l'état nutritionnel d'un individu, est resté faible au cours des vingt-cinq dernières années.[16] Mais, comment peut-il en être ainsi, lorsque des programmes novateurs conçus pour offrir des services intégrés de nutrition, d'éducation et de soins de santé (y compris le *Integrated Child Development Service*, le *Mid-Day Meal Programme*, et d'autres programmes initiés par organismes internationaux comme l'UNICEF et le Programme alimentaire mondial) existent à l'échelle nationale?

La réponse est à rechercher dans le manque de convergence et de synergie entre les programmes et à travers les plateformes. La Food Security Act doit donc s'assurer que les programmes intègrent toutes les composantes essentielles de la sécurité alimentaire. Le projet de loi présenté au parlement en décembre 2011 portait uniquement sur l'accès économique aux vivres sans référence explicite aux autres composantes essentielles de la sécurité alimentaire, dont l'accès à l'eau potable, l'assainissement, les soins de santé primaires et l'éducation nutritionnelle. Dans sa forme actuelle, le projet de loi omet aussi de mentionner le rôle des agriculteurs ou la participation du public, bien que les institutions *Panchayat Raj* (dont les membres sont élus par les résidents de leurs villages) et les *gram sabhas* en particulier (qui offrent aux résidents un cadre d'expression des préoccupations) puissent jouer un rôle clé dans l'administration efficace et transparente des droits juridiques.

Pour parvenir à une sécurité alimentaire et nutritionnelle durable et généralisée, le projet de loi de la *National Food Security Act* doit être minutieusement examiné et révisé de façon stratégique. L'approche fondée sur le cycle de vie, en appui à la nutrition, devrait être adoptée, et les femmes en tant que chefs de famille devraient avoir le droit de prendre également des décisions en matière de finance et d'alimentation pour leurs familles. La distribution publique de vivres doit être renforcée, et le panier alimentaire qui y est inclus doit aller au-delà du blé et du riz afin d'intégrer des céréales nutritives comme le *jowar* (sorgho), le *bajra* (millet perlé), le *ragi* (mil rouge), et le maïs. Le système de distribution publique connaît souvent des difficultés dans le ciblage, ce qui peut être une source majeure de corruption. Dans les États comme Tamil Nadu et Kerala, les pouvoirs publics peuvent être réticents à passer de leurs systèmes réussis de distribution publique universelle à un système national ciblé. Aussi, un système efficace doit-il avoir des critères d'exclusion bien définis et promouvoir une culture de l'honnêteté (puisque ceux qui n'ont pas besoin d'être socialement protégés par les fonds publics ne doivent pas demander des aliments fortement subventionnés). En 2012, nous espérons voir le plus grand programme mondial de protection sociale permettre à l'Inde de commencer à engranger un dividende démographique sur sa population jeune.

Avec les modifications appropriées et de la bonne volonté, la *Food Security Act* permettra également de créer une situation gagnant-gagnant tant pour les agriculteurs pauvres en ressources que pour les consommateurs. La passation de marchés à un prix rémunérateur sera le plus grand stimulant pour l'augmentation de la productivité et de la production agricoles. C'est pour cette raison qu'il faut éviter de substituer les espèces aux céréales même si cela est tentant; la monnaie peut être imprimée, mais les céréales ne peuvent être produites que par les agriculteurs (environ 700 millions sur les 1,2 milliard d'habitants que compte l'Inde). Il est du devoir d'une société démocratique de garantir le bien-être et la survie de toute sa population, et la sécurité alimentaire permettra de sécuriser les revenues des familles agricoles.

Chine

Nourrir un milliard de personnes

Jikun Huang, Center for Chinese Agricultural Policy (centre pour les politiques agricoles chinoises), Chinese Academy of Sciences (Académie chinoise des sciences)

Le développement le plus important de la Chine en termes de politique alimentaire en 2011 a été sa décision d'inscrire la sécurité alimentaire au sommet de ses préoccupations et ce, en prenant trois grandes décisions stratégiques. Tout d'abord, le document de politique le plus important de la Nation — document numéro 1 — a énoncé les plans d'investissement de près de 630 milliards de dollars EU dans la conservation de l'eau pour les 10 prochaines années afin de lutter contre la raréfaction croissante de l'eau. Ces plans comprennent la mise en œuvre de réformes institutionnelles et politiques pour plus d'efficacité dans l'utilisation de l'eau.

Ensuite, la Chine a publié l'édition 2012 du document numéro 1 qui est essentiellement axé sur l'innovation en sciences et technologie agricoles et la promotion de la productivité agricole. Le taux de croissance annuel des dépenses publiques consacrées à la recherche et au développement agricoles en termes réels a augmenté en moyenne de 16% en 2000-09 à plus à 20% en 2010-11, et il est appelé à croître dans les années à venir.

Enfin, en novembre 2011, la norme de pauvreté nationale, mesurée par le revenu annuel par habitant dans les zones rurales, a été établie à 2 300 yuans (environ 365 dollars EU), quasiment le double de la norme de pauvreté de 2009. Cette décision devrait amener 13,4% de la population rurale (soit 128 millions de personnes) dans le programme de lutte contre la pauvreté, ce qui aura des implications importantes sur la réduction de la pauvreté et la sécurité alimentaire des ménages.

La capacité de la Chine à nourrir une population croissante en termes de taille et de revenu a été impressionnante au regard des contraintes du pays en matière de ressources naturelles. La Chine a soutenu plus de 20% de la population mondiale et a atteint près de 98% d'autosuffisance alimentaire globale en 2010 en dépit d'une disponibilité d'eau par habitant représentant seulement un quart de la moyenne mondiale et des terres arables comptant pour seulement 8% du total mondial. La production céréalière de la Chine a augmenté pendant sept années consécutives, de 2004 à 2010. Selon les pouvoirs publics, la production céréalière a été estimée à plus de 570 millions de tonnes en 2011, dépassant ainsi le record établi un an plus tôt.

Le succès agricole de la Chine au cours des trois dernières décennies a énormément contribué à l'amélioration de la sécurité alimentaire au niveau national. Les moteurs de ce succès, incluent: le système chinois de responsabilité des ménages qui a équitablement réparti les terres entre les ménages ruraux; l'application de la science et de la technologie à l'agriculture; l'investissement dans les terres agricoles et l'eau; et la réforme du marché. Cependant, il est difficile d'envisager la poursuite de ces succès sans innovation majeure. Par exemple, à mesure que les citoyens chinois ont vu leurs revenus augmenter, leur demande en viande a aussi augmenté. Cette situation a amené la Chine à passer d'un statut d'exportateur net de maïs (céréale utilisée comme aliment de bétail) à celui d'importateur net en 2010. Compte tenu des contraintes de la Chine en matière de ressources naturelles, le pays deviendra probablement un plus grand importateur de maïs dans un proche avenir, ce qui rendra sa sécurité alimentaire plus dépendante des autres pays. Il est évident qu'en dépit des résultats impressionnants enregistrés par la Chine, de grands défis demeurent en termes de sécurité alimentaire. ■

OUTILS ET INDICATEURS POUR LA POLITIQUE ALIMENTAIRE

POUR ÉLABORER ET METTRE EN ŒUVRE DES POLITIQUES ALIMENTAIRES efficaces, les responsables ont besoin de ressources, de capacités institutionnelles, de volonté politique, de données tangibles et d'informations disponibles en temps utile. Dans le cadre de sa mission qui consiste à identifier des moyens durables pour faire reculer la pauvreté et éradiquer la faim et la malnutrition, l'IFPRI développe et partage des biens publics à usage mondial, notamment des outils et des indicateurs, qu'il s'agisse de modèles et réseaux ou encore d'ensembles de données et d'index, dans le but d'aider les responsables à aborder des questions concrètes. Ces outils comprennent des moyens interactifs pour mesurer ou conceptualiser des données ; les indicateurs sont des mesures standardisées qui correspondent à des seuils pour certains aspects du développement. Bien que les informations recueillies à l'aide de ces outils de connaissance soient utiles en elles-mêmes, les divers réseaux cofacilités par l'IFPRI, qui relient les utilisateurs entre eux et leur servent de forum de discussion, permettent aussi de renforcer leurs applications pratiques et de mieux les comprendre. Ces ressources servent également de points de référence pour le suivi et l'évaluation des politiques et des programmes, et permettent donc d'identifier ce qui fonctionne, ne fonctionne pas et les améliorations à apporter.

Outils de politique alimentaire

AGRODEP : CONSORTIUM MODÉLISATION DES POLITIQUES POUR LA CROISSANCE ET LE DÉVELOPPEMENT EN AFRIQUE

À l'heure où les pays africains s'efforcent d'accroître leur productivité agricole et d'atteindre une plus forte croissance économique, le processus de réforme politique alimente la demande pour des recherches à orientation politique. Pour répondre à cette demande, il est nécessaire de renforcer les capacités locales en matière de modélisation économique, de cibler les partenariats et de s'impliquer plus largement dans le débat politique actuel. C'est pour satisfaire à cette demande qu'a été créé le Consortium modélisation des politiques pour la croissance et le développement en Afrique (AGRODEP, African Growth and Development Policy). Les objectifs de l'AGRODEP sont les suivants : mobiliser une masse critique d'experts en modélisation au sein de la communauté de recherche et d'analyse des politiques en Afrique, élargir l'accès à des méthodologies de recherche innovantes et faciliter les partenariats avec la communauté internationale de chercheurs.

L'AGRODEP a pour objectif de permettre aux experts africains, plutôt qu'à des acteurs externes, de se positionner en leaders pour traiter les questions auxquelles sont confrontés les pays africains : l'étude des questions stratégiques de développement ou le débat sur la croissance agricole et les politiques associées. Créé en 2010 par l'IFPRI et plusieurs partenaires, l'AGRODEP travaille à la construction d'un réseau de chercheurs africains avec à la fois des compétences en modélisation et en infrastructure de données. L'AGRODEP fournit des modèles économiques de base, établit une base de données centrale regroupant des données statistiques, économiques et géospatiales, et réunit un réseau d'experts et une communauté de professionnels. Tous ces facteurs permettent aux chercheurs d'aborder les principales questions politiques auxquelles sont confrontés les pays africains sur le plan stratégique.

Le site web de l'AGRODEP, lancé en octobre 2011, sert de portail d'accès aux données et modèles économiques, de même qu'à des ressources connexes telles que des outils de visualisation de données. Enfin, les pages dédiées aux événements facilitent la communication entre les membres, le personnel, les partenaires et les groupes de gouvernance de l'AGRODEP.

Site web : www.agrodep.org
Contacts : Ousmane Badiane et Betina Dimaranan
Courriel : info-agrodep@agrodep.org

PORTAIL DE LA SÉCURITE ALIMENTAIRE

Le prix des aliments a des effets de portée considérable sur de nombreux domaines : de la pauvreté et malnutrition au commerce et aux marchés, en passant par les troubles sociaux et politiques. Ainsi semble-t-il plus crucial que jamais de pouvoir accéder à des informations exactes, pertinentes et utiles sur les marchés et les prix mondiaux. Le Portail de la sécurité alimentaire (Food Security Portal) est un outil unique qui offre aux utilisateurs, notamment les chercheurs, les responsables et les médias, un guichet unique où sont répertoriées les dernières informations en matière de sécurité alimentaire.

Le Portail permet d'éclairer le débat mondial sur la sécurité alimentaire en diffusant des informations de dernière heure ; des données régulièrement mises à jour obtenues auprès d'organisations phares telles que l'Organisation des Nations Unies pour l'alimentation et l'agriculture, l'Organisation mondiale du commerce et le Département de l'agriculture des États-Unis ; et des outils d'analyse de données interactifs. Les responsables politiques peuvent utiliser ces informations et ces outils pour suivre et analyser les tendances en matière de prix et de sécurité alimentaires, ce qui leur permet de prescrire des politiques mieux éclairées et plus efficaces.

Food Security News Hot Spot heatmap, (carte des points chauds) permet de visualiser instantanément les pays qui enregistrent le plus grand nombre d'informations liées à la sécurité alimentaire pour un jour donné. Les données API dans la boîte à outils pour les développeurs contient des données concernant plus de 40 indicateurs relatifs à la sécurité alimentaire, au prix des produits de base, aux données économiques et au bien-être humain. Les utilisateurs peuvent télécharger ces données afin de suivre l'apport en calories par habitant, le pourcentage d'enfants sous-alimentés, les indices des prix à la consommation, l'inflation mondiale, les taux de pauvreté, les exportations, les importations, des informations relatives à la population et bien plus encore.

Le Système d'alerte rapide en cas de variabilité excessive des prix alimentaires constitue l'un des tout nouveaux outils du Portail de sécurité alimentaire. Cet outil unique permet une représentation visuelle des périodes historiques de volatilité excessive des prix mondiaux depuis l'an 2000, de même qu'un état de la volatilité au jour le jour. Cet état peut alerter les responsables lorsque les marchés mondiaux traversent une période de volatilité excessive des prix alimentaires. Ces informations peuvent ensuite être utilisées pour mettre au point des réponses adaptées, au niveau national, pour garantir la sécurité alimentaire, telles que la mise en circulation des stocks alimentaires physiques. Cet outil appuie deux recommandations émises lors des réunions du G20 de 2011. Premièrement, il fournit au Système d'information sur les marchés agricoles (AMIS) des informations sur la variabilité des prix dans les marchés mondiaux et identifie la présence et la durée de variabilités excessives des prix. Deuxièmement, il appuie la création de réserves alimentaires humanitaires d'urgence coordonnées par le programme alimentaire mondial (PAM).

Site web : www.foodsecurityportal.org
Contact : Sara Gustafson
Courriel : s.gustafson@cgiar.org

CARTES *CASE* SUR LA SÉCURITE ALIMENTAIRE

Le logiciel de cartographie des données climatiques, agricoles et socio-économiques de la sécurité alimentaire (Food Security Climate, Agriculture, and Socio-Economic Maps ou Cartes CASE) est un outil interactif de cartographie que responsables politiques et chercheurs peuvent utiliser pour visualiser l'évolution de l'offre et de la demande agricole et de la sécurité alimentaire au fil du temps et à travers le monde sur la base de divers facteurs économiques et biophysiques. Ces cartes interactives s'appuient sur des données produites pour le rapport Food Security, Farming, and Climate Change to 2050 (Sécurité alimentaire, agriculture et changement climatique d'ici 2050) publié par l'IFPRI en 2010. Les cartes CASE illustrent les moteurs exogènes des modèles et les résultats futurs plausibles basés sur le modèle international d'analyse politique des produits agricoles et du commerce de l'IFPRI, ou modèle IMPACT.

Elles traduisent des résultats numériques en une variété de représentations graphiques, dont des diagrammes de dispersion, des diagrammes de Gantt, des séries chronologiques, des histogrammes et d'autres représentations statistiques courantes. Les personnes qui s'intéressent au changement climatique et à ses conséquences pour la sécurité alimentaire des pays en développement peuvent visualiser plusieurs indicateurs, dont les kilocalories disponibles par habitant et par jour, la part de la population menacée par la faim et le nombre d'enfants de moins de cinq ans souffrant de malnutrition. Les cartes CASE fournissent actuellement des indicateurs pour 15 scénarios différents basés sur trois projections globales en matière de population et de revenu, chacune suivant cinq scénarios climatiques différents. Les utilisateurs peuvent télécharger les indicateurs par pays et par région. Les scénarios indiquent un éventail plausible de résultats basés sur l'environnement politique actuel. Ces informations peuvent ensuite servir de point de départ pour envisager d'éventuelles évolutions politiques et programmatiques.

Site web : www.ifpri.org/climatechange/casemaps.html
Contacts : Gerald Nelson and Amanda Palazzo
Courriel : ifpri-climatechange@cgiar.org

HARVESTCHOICE

De plus en plus souvent, les analystes des politiques et des investissements, de même que les responsables pour lesquels ils travaillent, exigent des outils qui les aident à sélectionner et cibler les interventions rentables qui ont le plus fort impact sur la sécurité alimentaire. HarvestChoice répond à cette demande en produisant des outils de connaissance qui aident à guider les investissements stratégiques destinés à améliorer les moyens d'existence des petits exploitants agricoles d'Afrique subsaharienne grâce à des techniques agricoles plus productives, rentables et durables. L'approche de HarvestChoice repose sur un cadre de données et d'évaluation spatialement explicite conçu afin de mieux représenter la grande hétérogénéité des systèmes agricoles et des ménages d'exploitants agricoles à travers la région.

Les ressources en ligne de HarvestChoice permettent aux utilisateurs d'explorer les données, de mettre en application les outils et de créer des cartes orientées sur les interventions qui répondent aux mieux à leurs propres questions en matière de politique et d'investissement. Les outils HarvestChoice peuvent extraire des informations à partir de plusieurs couches de données à résolution fine sélectionnées par l'utilisateur. Par exemple, en sélectionnant les couches démographiques, d'accès aux marchés et de production céréalière, les utilisateurs peuvent mettre en tableau les attributs relatifs à la population, au temps de trajet jusqu'aux marchés et aux zones de production céréalière d'une région géographique qu'ils auront sélectionnée.

Le système ADVIzR (Agricultural Domain Visualizer/Reporter), un logiciel de visualisation et de production de rapports sur le domaine agricole, permet aux utilisateurs de traduire en cartes, en tableaux et en graphiques un large éventail d'indicateurs sous-nationaux de développement agricole selon des domaines géographiques sélectionnés (par exemple : districts, zones agroécologiques, bassins versants, systèmes agricoles ou sites de marché). Les utilisateurs sélectionnent, dans l'ordre, un pays ou une sous-région d'Afrique subsaharienne, un maximum de 20 indicateurs de développement qui les intéressent et les domaines géographiques spécifiques suivant lesquels le rapport sur les indicateurs doit être organisé.

L'une des interfaces de HarvestChoice donne accès à une suite d'outils d'exploration et d'établissement de rapports sur des données spatiales (dont les fonctions centrales du système ADVIzR). Le site internet donne également à des tiers la possibilité d'intégrer ces outils à leur propre site web.

Site web : www.harvestchoice.org
Contact : Maria Theresa Tenorio
Courriel : m.t.tenorio@cgiar.org

RESAKSS : SYSTÈME RÉGIONAL D'ANALYSE STRATÉGIQUE ET DE GESTION DES CONNAISSANCES (REGIONAL STRATEGIC ANALYSIS AND KNOWLEDGE SUPPORT SYSTEM)

Le Système régional d'analyse stratégique et de gestion des connaissances (ReSAKSS) a été établi en réponse à la demande croissante pour des informations et des analyses crédibles au cours de la conception du Programme détaillé de développement de l'agriculture africaine (PDDAA). En tant que plateforme de gestion des connaissances, il facilite l'accès des petits exploitants agricoles, des chercheurs, des décideurs politiques et des professionnels du développement à des données, des analyses, des outils et des résultats de recherche. ReSAKSS vise à promouvoir le dialogue et faciliter l'examen, l'apprentissage et l'adoption de pratiques modèles associées au programme du PDDAA et à mieux faire connaître le rôle de l'agriculture dans la réduction de la pauvreté et la sécurité alimentaire et nutritionnelle.

ReSAKSS gère un réseau multinational de collaborateurs partenaires représentés par des plateformes internet régionales. Il s'organise autour de trois activités principales : (1) analyse stratégique : fournir des données, des outils et des analyses pour suivre les principales priorités en matière de croissance et de réduction de la pauvreté et pour évaluer les impacts des interventions visant à aborder les questions-clés, par exemple pour évaluer si l'impact des interventions sur le renforcement de la croissance et la réduction de la pauvreté est à la hauteur des attentes ou comment cet impact est obtenu ; (2) gestion des connaissances : créer et maintenir un ensemble commun de données actualisées sur des indicateurs-clés à différents niveaux afin de faciliter la planification stratégique, l'analyse et le dialogue ; documenter les enseignements tirés de la recherche, de l'analyse politique, de l'évaluation des impacts et des expériences pratiques afin de rendre plus efficaces les futures stratégies de croissance et de réduction de la pauvreté ; et faciliter l'accès à des outils de connaissance afin d'appuyer l'évaluation, l'examen et l'analyse comparative des stratégies de croissance et de réduction de la pauvreté ; et (3) renforcement des capacités et communications politiques : collaborer avec les réseaux nationaux et régionaux pour mener une analyse stratégique tout en échangeant les compétences, les formations et les expériences pratiques de haute valeur qui peuvent contribuer au renforcement des capacités locales et améliorer la communication des principales questions, conclusions et stratégies aux responsables et aux autres parties concernées.

Site web : www.resakss.org
Contact : Samuel Benin
Courriel : s.benin@cgiar.org

Indicateurs de politique alimentaire

ASTI : INDICATEURS RELATIFS AUX SCIENCES ET AUX TECHNOLOGIES AGRICOLES (AGRICULTURAL SCIENCE & TECHNOLOGY INDICATORS)

Les responsables politiques sont plus en plus nombreux à reconnaître que l'accroissement des investissements dans la recherche et le développement agricole est un moteur essentiel pour stimuler la productivité agricole. Les données sur la taille et la portée des capacités et des investissements en matière de recherche et de développement, de même que l'évolution de la structure institutionnelle et du fonctionnement des agences de recherche agricole, nous permettent de mieux comprendre comment la recherche et le développement agricole favorise la croissance agricole. Les indicateurs dérivés de telles informations permettent de mesurer, suivre et comparer la performance, les produits et les résultats des systèmes de recherche et de développement agricole.

L'initiative des Indicateurs relatifs aux sciences et aux technologies agricoles (ASTI) représente une des rares sources d'information en statistiques relatives aux sciences et aux technologies agricoles pour les pays à faible revenu et à revenu intermédiaire. L'ASTI fournit des informations qualitatives et quantitatives complètes, de même que des analyses ultérieures sur les tendances en matière d'investissement, de capacités et institutionnelles dans le domaine de la recherche et du développement agricole (voir Tableau 1). Les données et les analyses de l'ASTI aident les directeurs de recherche et développement et les responsables politiques à mieux formuler leurs politiques et prendre des décisions plus éclairées aux niveaux national, régional et international. Toutes les données de sortie sont disponibles sur le site de l'ASTI.

Site web : www.asti.cgiar.org
Contact : Nienke Beintema
Courriel : asti@cgiar.org

TABLEAU 1 Dépenses et dotation en personnel des activités publiques de recherche et développement (R&D) dans le domaine agro-culturel, par pays

Pays	Dernières données disponibles	Dépenses publiques de recherche		Dépenses publiques en % du PIB ag,	ETP des chercheurs du secteur public	Nombre de chercheurs par millions d'habitants pratiquant l'agriculture	Pourcentage du nombre de chercheurs féminins (%)
		PPA de 2005 en dollars (millions)	PPA de 2005 en dollars (millions)				
AFRIQUE SUBSAHARIENNE							
Bénin	2008	21,6	9,0	0,57	115,4	13,26	16,9
Botswana	2008	19,0	9,0	4,32	97,4	63,00	29,8
Burkina Faso	2008	19,4	7,4	0,43	239,9	3,05	11,6
Burundi	2008	9,6	3,0	1,78	97,8	2,64	14,8
Congo, République du	2008	4,6	2,3	0,85	93,8	9,35	16,2
Côte d'Ivoire	2008	42,6	23,2	0,54	122,6	13,92	16,8
Érythrée	2008	3,0	1,2	0,45	121,9	2,07	32,0
Éthiopie	2008	68,6	17,8	0,27	1,318,3	2,24	6,8
Gabon	2008	1,6	0,8	0,20	61,4	8,37	22,4
Gambie	2008	2,5	0,7	0,50	37,7	4,38	13,7
Ghana	2008	95,4	39,2	0,90	537,1	16,48	17,0
Guinée	2008	4,0	1,3	0,18	229,2	1,05	3,2
Kenya	2008	171,5	67,0	1,30	1,011,5	13,36	26,8
Madagascar	2008	11,9	3,9	0,27	212,4	1,79	29,8
Malawi	2008	21,4	7,1	0,68	126,5	4,35	15,7
Mali	2008	24,7	11,2	0,57	312,7	9,66	13,4
Mauritanie	2008	6,4	2,4	1,16	73,7	9,24	4,9
Maurice	2008	22,1	11,0	3,92	158,3	432,84	41,4
Mozambique	2008	17,7	8,4	0,38	263,3	2,12	29,0
Namibie	2008	21,6	14,5	2,03	70,2	85,07	16,5
Niger	2008	6,2	2,6	0,17	93,4	1,53	8,3
Nigéria	2008	403,9	185,3	0,42	2,062,0	32,88	21,3
Rwanda	2008	18,1	6,1	0,53	104,2	4,54	14,6
Seychelles	2008	0,2	0,0	0,70	1,0	8,54	na
Sénégal	2008	25,4	12,1	0,87	141,1	6,78	9,9
Sierra Leone	2008	5,9	2,2	0,31	66,6	4,63	5,2
Afrique du Sud	2008	272,1	165,7	2,02	783,9	215,81	40,1
Soudan	2008	51,5	22,8	0,27	1,020,5	7,47	36,2
Tanzanie	2008	77,1	27,0	0,50	673,5	4,78	21,3
Togo	2008	8,7	4,0	0,47	62,7	6,25	9,9
Ouganda	2008	87,7	30,5	1,24	298,7	8,33	21,5

Source: *PPA = parité du pouvoir d'achat. **EPT = équivalent pleins temps. **Notes:** Le tableau ne comprend que des pays où l'ASTI a mené des enquêtes depuis 2002. Les activités publiques de recherche et développement (R&D) dans le domaine agro-culturel comprennent celles du gouvernement, de l'enseignement supérieur, des organismes à but non lucratif, mais excluent celles du secteur privé. Les parités de pouvoir d'achat (PPA) mesurent le pouvoir d'achat relatif des monnaies de différents pays en éliminant les différences nationales des niveaux de prix pour une gamme très large de biens et services. Les PPA sont relativement stables dans le temps, à l'inverse des taux de change qui peuvent fluctuer considérablement. La mesure du nombre de chercheurs en termes d'équivalents plein-temps prend en compte la proportion du temps de recherche consacrée aux activités de R&D. Par exemple, 4 professeurs d'université qui passent 25 % de leur temps sur la recherche représentent chacun 0,25 EFT mais ensemble, seront comptés comme 1 EFT.

Tableau 1, suite

Pays	Dernières données disponibles	Dépenses publiques de recherche		Dépenses publiques en % du PIB ag,	ETP des chercheurs du secteur public	Nombre de chercheurs par millions d'habitants pratiquant l'agriculture	Pourcentage du nombre de chercheurs féminins (%)
		PPA de 2005 en dollars (millions)	PPA de 2005 en dollars (millions)				
Zambie	2008	8,1	4,4	0,29	208,5	2,58	22,9
Zimbabwe	2008	na	na	na	147,7	6,83	43,2
ASIE-PACIFIQUE							
Bangladesh	2009	125,90	44,30	0,33	2081,30	27,59	15,8
Chine	2007	3,679,5	1,548,1	0,49	na	na	na
Inde	2003	1,426,4	474,4	0,36	16,703,7	60,87	13,9
Indonésie	2003	204,2	82,8	0,20	4,892,6	97,74	27,7
Corée	2002/03	522,7	402,6	1,66	2,201,8	na	40,0
RDP Lao	2003	10,4	2,9	0,24	123,4	56,92	22,3
Malaisie	2002	446,5	204,4	1,9	1,117,6	622,62	33,9
Myanmar	2003	4,6	4,6	0,06	618,7	32,60	54,2
Népal	2009	23,0	7,3	0,24	388,6	33,15	9,5
Pakistan	2003	184,9	59,4	0,29	3,442,5	129,29	5,7
Papouasie-Nouvelle-Guinée	2002	19,9	9,2	0,5	107,4	55,65	16,0
Philippines	2002	141,4	55,9	0,4	3,212,5	252,86	54,2
Sri Lanka	2003	52,6	18,4	0,52	577,2	138,58	32,6
Vietnam	2002/03	55,9	16,6	0,2	2,950,8	102,65	31,4
AMÉRIQUE LATINE ET CARAÏBES							
Argentine	2006	448,6	196,1	1,27	3,947,3	2745,01	41,7
Belize	2006	2,6	1,3	0,95	16,7	596,43	31,1
Brésil	2006	1,306,3	728,0	1,80	5,375,5	441,59	33,8
Chili	2006	98,1	58,4	1,22	690,3	702,97	29,7
Colombie	2006	152,4	71,1	0,50	998,9	280,74	31,7
Costa Rica	2006	29,9	15,9	0,93	282,9	865,08	27,4
République dominicaine	2006	17,4	10,3	0,26	138,8	278,67	24,9
Le Salvador	2006	5,7	0,3	0,15	76,9	124,26	14,8
Guatemala	2006	8,3	4,2	0,06	102,4	53,18	14,7
Honduras	2006	12,7	4,7	0,43	123,7	181,31	7,4
Mexique	2006	517,6	338,5	1,21	4,066,7	483,38	22,3
Nicaragua	2006	24,1	8,1	0,94	133,4	364,34	26,8
Panama	2006	10,0	5,7	0,50	166,7	653,57	16,1
Paraguay	2006	3,1	9,7	0,20	128,3	163,02	32,1
Uruguay	2006	59,8	32,4	1,99	400,4	2107,58	42,5

Tableau 1, suite

Pays	Dernières données disponibles	Dépenses publiques de recherche		Dépenses publiques en % du PIB ag,	ETP des chercheurs du secteur public	Nombre de chercheurs par millions d'habitants pratiquant l'agriculture	Pourcentage du nombre de chercheurs féminins (%)
		PPA de 2005 en dollars (millions)	PPA de 2005 en dollars (millions)				
MOYEN-ORIENT ET AFRIQUE DU NORD							
Iran (République islamique d')	2004	559,3	166,9	0,82	4,788,4	772,20	14,4
Jordanie	2002/03	6,8	3,6	1,59	212,7	1849,13	13,2
Maroc	2002	128,6	70,8	0,95	654,8	208,54	18,4
Syrie République arabe syrienne	2002	77,7	136,4	0,45	1,358,1	1020,36	22,1
Tunisia	2002	51,2	22,9	0,91	440,8	574,00	27,6

BASE DE DONNÉES SPEED : STATISTIQUES SUR LES DÉPENSES PUBLIQUES CONSACRÉES AU DÉVELOPPEMENT ÉCONOMIQUE

La base de données des Statistiques sur les dépenses publiques consacrées au développement économique, ou base de données SPEED (Statistics on Public Expenditure for Economic Development), est une ressource qui héberge des informations sur les dépenses agricoles et autres dépenses publiques sectorielles dans 70 pays en développement entre 1980 et 2009 (voir par exemple le détail des dépenses depuis 2005 au Tableau 2). Les chercheurs de l'IFPRI ont compilé des données tirées de nombreuses sources, dont le Fonds monétaire international, la Banque mondiale et les gouvernements, qu'ils ont ensuite minutieusement vérifiées et ajustées afin d'en garantir la cohérence au fil du temps, à l'abri des fluctuations des taux de change et des changements de dénomination de devise. La base de données SPEED est mise à jour périodiquement.

Les responsables politiques, les chercheurs et autres parties concernées peuvent utiliser ses données de haute qualité à de nombreuses fins. Elles permettent aux utilisateurs d'examiner les tendances historiques et la composition des allocations des ressources gouvernementales à travers les secteurs et d'établir des comparaisons avec d'autres pays de la même région ou dont le niveau de développement est semblable. Elles facilitent également l'analyse de l'alignement des dépenses réelles et des priorités globales de développement dans les domaines de la croissance économique, de la réduction de la pauvreté et de la sécurité alimentaire afin d'évaluer la corrélation entre les priorités stratégiques et l'exécution des budgets, de suivre les progrès accomplis vers la réalisation des objectifs de développement, d'identifier les écarts de financement et de déterminer l'efficacité et la rentabilité des dépenses publiques.

Site web : www.ifpri.org/ourwork/programs/priorities-public-investment/speed-database
Contact : Bingxin Yu (b.yu@cgiar.org)

TABLEAU 2 **Dépenses publiques agricoles consacrées au développement économique, par pays**

Pays	Dépense publique agricole, dollars EU 2005 (milliards)				Dépense publique agricole, dollars EU 2005 (milliards)				Dépense publique agricole de la population totale, par habitant, dollars internationaux 2005 (milliards)				% de la dépense agricole par rapport au PIB agricole			
	1980	1995	2009		1980	1995	2009		1980	1995	2009		1980	1995	2009	
ASIE DE L'EST ET PACIFIQUE																
Chine	7,14	8,87	68,6		17,20	21,37	165,17		17,1	17,2	121,0		10,9	4,5	19,1	
Fidji	0,03	0,03	0,03	[1]	0,04	0,03	0,03	[1]	65,9	43,3	39,6	[1]	8,4	5,8	6,5	[1]
Indonésie	1,80	1,80	1,56	[1]	4,44	4,43	3,86	[1]	29,4	22,2	16,6	[1]	9,3	4,8	3,5	[1]
Malaisie	0,75	0,97	2,32		1,68	2,16	5,17		121,5	104,4	185,0		10,8	8,7	15,2	
Mongolie		0,01	0,05	[1]		0,02	0,15	[1]		8,8	57,8	[1]		1,4	8,8	[1]
Myanmar	19,26	12,39	18,30	[1]	0,44	0,29	0,42	[1]	13,5	6,8	9,0	[1]	8,0	2,7	1,6	[1]
Papouasie-Nouvelle-Guinée	0,08	0,05	0,02	[1]	0,19	0,12	0,06	[1]	57,6	25,4	8,9	[1]	8,3	3,1	1,2	[1]
Philippines	0,43	0,86	1,14		1,08	2,16	2,89		22,8	31,2	31,5		3,2	5,7	7,2	
Thaïlande	0,76	2,14	2,02		1,92	5,42	5,11		40,4	90,8	74,4		7,8	16,8	9,0	
Vanuatu	0,001	0,003	0,003	[1]	0,003	0,01	0,01	[1]	23,0	31,5	25,3	[1]	4,4	5,5	3,2	[1]
Vietnam		0,33	0,71			1,12	2,38			15,1	27,4			4,6	4,7	
EUROPE ET ASIE CENTRALE																
Azerbaidjan		0,08	0,19	[1]		0,27	0,61	[1]		34,4	69,6	[1]		6,2	12,5	[1]
Bélarus		0,13	1,13			0,36	3,12			34,7	323,5			4,8	30,2	
Bulgarie		0,02	0,14			0,04	0,37			5,0	48,6			0,5	8,8	
Géorgie			0,03				0,07				17,0				3,9	
Kazakhstan		0,11	0,64			0,25	1,47			15,4	92,9			2,6	14,3	
République kirghize		0,02	0,02	[1]		0,05	0,06	[1]		12,0	11,2	[1]		2,2	1,9	[1]
Lettonie		0,06	0,43			0,10	0,81			41,6	357,3			7,3	83,7	
Lithuanie		0,28	0,34			0,51	0,62			140,8	187,0			17,7	36,6	
Moldavie		0,01	0,06			0,03	0,16			7,8	43,9			1,5	16,7	
Roumanie	2,41	1,95	1,45	[1]	5,00	4,06	3,02	[1]	225,2	178,9	139,7	[1]	12,3	11,4	14,5	[1]
Russie		0,22	1,94			0,48	4,32			3,2	30,2			0,6	4,6	
Turquie	0,54	0,58	2,98	[1]	0,90	0,97	4,99	[1]	20,3	16,4	71,2	[1]	0,2	1,1	6,3	[1]
Ukraine			0,54				1,64				35,8				7,5	

Notes: [1] Données de 2007. [2] Données de 2008. [3] Données de 2004.

Tableau 2, suite

	Dépense publique agricole, dollars EU 2005 (milliards)				Dépense publique agricole, dollars EU 2005 (milliards)				Dépense publique agricole de la population totale, par habitant, dollars internationaux 2005 (milliards)				% de la dépense agricole par rapport au PIB agricole			
Pays	1980	1995	2009		1980	1995	2009		1980	1995	2009		1980	1995	2009	
AMÉRIQUE LATINE ET CARAÏBES																
Argentine	0,00	0,14	0,11	[1]	0,00	0,32	0,25	[1]	0,003	9,2	6,4	[1]		1,7	0,6	[1]
Bolivie	0,01	0,003	0,03	[1]	0,03	0,01	0,11	[1]	5,1	1,6	11,7	[1]		0,3	2,2	[1]
Brésil		2,98	0,61	[1]		5,18	1,06	[1]		32,0	5,6	[1]		7,4	1,1	[1]
Chili	0,18	0,17	0,41	[2]	0,30	0,28	0,68	[2]	26,6	19,6	40,5	[2]	6,8	2,3	8,4	[2]
Costa Rica	0,06	0,04	0,19		0,13	0,08	0,37		53,9	22,1	79,7		4,7	2,2	10,8	
République dominicaine	0,30	0,19	0,13	[1]	0,53	0,33	0,23	[1]	90,8	41,6	24,3	[1]	12,1	9,4	5,0	[1]
Le Salvador	0,03	0,03	0,01		0,50	0,53	0,10		107,6	92,4	16,5		13,4	13,9	2,3	
Guatemala	0,14	0,05	0,06		0,26	0,09	0,12		37,0	8,9	8,7		3,8	1,3	1,6	
Jamaïque		0,08	0,10			0,13	0,16			51,6	58,6			7,3	14,2	
Mexique	8,58	3,17	4,39	[1]	13,17	4,87	6,75	[1]	191,5	52,8	61,8	[1]	20,2	9,4	13,3	[1]
Panama	0,11	0,03	0,12	[1]	0,22	0,06	0,23	[1]	110,3	22,9	69,9	[1]	18,2	3,6	9,3	[1]
Saint-Vincent-et-les-Grenadines	0,002	0,004	0,003	[1]	0,004	0,01	0,01	[1]	37,7	60,2	51,2	[1]	6,3	7,1	7,9	[1]
Uruguay	0,04	0,04	0,06	[1]	0,07	0,08	0,11	[1]	23,2	25,6	34,0	[1]	1,6	3,5	3,0	[1]
MOYEN-ORIENT ET AFRIQUE DU NORD																
Algérie		0,53	1,23			1,21	2,84			42,8	81,4			7,2	9,6	
Égypte	0,66	0,90	0,87	[1]	2,39	3,25	3,15	[1]	53,1	52,4	40,9	[1]	12,0	8,8	5,8	[1]
Iran	0,97	1,07	0,78		3,27	3,59	2,62		84,7	60,1	35,8		7,1	4,9	3,4	
Jordanie	0,02	0,11	0,05	[2]	0,03	0,19	0,08	[2]	14,3	44,5	13,7	[2]	5,0	32,4	11,0	[2]
Liban		0,02	0,02	[2]		0,04	0,03	[2]		11,6	8,4	[2]		1,8	1,1	[2]
Maroc	0,54	0,54	0,40	[1]	0,98	0,97	0,72	[1]	50,0	36,0	23,3	[1]	11,5	9,1	4,4	[1]
Syrie	1,26	2,40	2,02		0,72	1,37	1,15		80,3	96,4	57,4		8,1	8,1	5,3	
Tunisie	0,53	0,45	0,52		1,15	0,97	1,13		177,6	108,0	109,4		28,4	17,3	15,1	
Yémen	0,02	0,04	0,07	[1]	0,05	0,10	0,20	[1]	5,7	6,9	9,1	[1]		1,7	2,4	[1]
ASIE DU SUD																
Bangladesh	0,18	0,24	0,85		0,51	0,68	2,42		6,3	5,8	16,5		2,9	2,6	6,2	
Bhoutan	0,01	0,03	0,04		0,03	0,09	0,12		72,0	170,2	168,3		17,0	21,6	21,3	
Inde	1,82	3,50	13,07		5,47	10,51	39,21		7,8	10,9	32,5		2,5	2,9	6,4	
Maldives	0,003	0,02	0,005		0,01	0,04	0,01		33,3	141,6	25,2		0,1	0,8	0,3	
Népal	0,06	0,09	0,14		0,20	0,28	0,43		13,3	12,8	14,5		3,8	3,8	4,1	
Pakistan	0,12	0,08	1,07		0,37	0,24	3,35		4,6	1,9	19,6		1,3	0,4	3,8	
Sri Lanka	0,16	0,24	0,40	[2]	0,46	0,70	1,14	[2]	30,8	38,2	55,7	[2]	7,4	6,7	10,0	[2]

Tableau 2, suite

Pays	Dépense publique agricole, dollars EU 2005 (milliards)				Dépense publique agricole, dollars EU 2005 (milliards)				Dépense publique agricole de la population totale, par habitant, dollars internationaux 2005 (milliards)				% de la dépense agricole par rapport au PIB agricole			
	1980	1995	2009		1980	1995	2009		1980	1995	2009		1980	1995	2009	
AFRIQUE SUBSAHARIENNE																
Botswana	0,05	0,12	0,10	[1]	0,11	0,25	0,22	[1]	106,8	159,8	115,8	[1]	21,6	49,1	44,2	[1]
Cap-Vert		0,002	0,02			0,002	0,02			6,2	44,3			2,5	14,6	
Éthiopie	0,05	0,12	0,45	[1]	0,20	0,45	1,70	[1]	5,5	7,8	21,9	[1]	1,5	4,0	6,4	[1]
Ghana	0,06	0,02	0,01	[1]	0,13	0,04	0,03	[1]	12,0	2,3	1,3	[1]	0,1	0,6	0,4	[1]
Kenya	0,18	0,27	0,23		0,47	0,70	0,60		28,8	25,6	15,1		6,4	6,3	4,5	
Lesotho	0,01	0,07	0,03	[2]	0,03	0,12	0,06	[2]	20,5	69,3	26,3	[2]	11,3	32,4	25,5	[2]
Libéria	0,02	0,01	0,000	[2]	0,05	0,02	0,000	[2]	25,9	9,1	0,05	[2]	3,9	10,7	0,02	[2]
Malawi	0,05	0,05	0,03	[1]	0,15	0,16	0,08	[1]	24,1	16,1	6,2	[1]	8,1	8,5	2,8	[1]
Maurice	0,03	0,05	0,07		0,07	0,10	0,14		69,6	87,7	110,5		14,2	11,7	22,2	
Namibie		0,10	0,11	[1]		0,15	0,16	[1]		92,1	72,4	[1]		17,7	13,7	[1]
Nigéria	0,53	0,14	0,23	[1]	1,16	0,31	0,51	[1]	15,3	2,8	3,5	[1]	1,8	0,4	0,5	[1]
Niger		0,03	0,04			0,07	0,08			7,6	5,5		2,9	3,0	2,3	
Seychelles		0,01	0,002	[2]		0,01	0,004	[2]		152,2	44,0	[2]		25,0	10,7	[2]
Afrique du Sud		1,13	2,07			1,84	3,38			44,4	67,9			16,2	24,6	
Swaziland	0,03	0,02	0,06	[1]	0,05	0,04	0,12	[1]	82,0	43,5	104,4	[1]	16,8	10,1	30,4	[1]
Ouganda	0,003	0,01	0,08		0,01	0,03	0,23		0,7	1,3	7,1		0,6	0,4	2,2	
Zambie	0,39	0,03	0,18	[1]	0,73	0,06	0,32	[1]	126,1	7,0	26,9	[1]	55,5	3,7	10,0	[1]
Zimbabwe	0,21	0,26	0,33	[1]	0,14	0,17	0,22	[1]	19,8	14,8	18,0	[1]	13,5	10,3	12,5	[3]
PAYS DE L'OCDE À HAUT REVENU																
Australie	1,53	1,86	1,72		1,44	1,74	1,61		97,6	96,1	73,6		6,2	10,9	9,5	
Canada	2,61	2,16	2,99		2,63	2,18	1,55		107,3	74,4	46,1		10,7	9,1	15,1	
République tchèque		0,49	1,99			0,82	3,34			79,5	319,6			10,2	60,6	
Estonie		0,003	0,01			0,004	0,01			2,9	7,3			0,7	1,7	
Finlande	1,96	2,15	1,33		2,44	2,67	1,66		510,8	523,4	311,0		30,4	54,4	38,3	
Grèce	1,31	0,98	0,07		2,33	1,75	0,13		242,0	163,9	11,2		9,3	11,2	0,8	
Hongrie	3,38	1,27	2,57		5,24	1,97	3,99		489,7	191,0	398,5		22,6	20,4	70,0	
Islande	0,24	0,19	0,22		0,16	0,12	0,14		682,3	449,2	432,9		24,6	15,9	17,5	
Irlande	1,51	0,83	0,76		1,88	1,03	0,95		549,4	286,5	474,5		37,8	18,9	58,7	
Italie	0,002	0,10	1,38		0,002	0,14	1,91		0,04	2,5	31,7		0,001	0,3	6,5	
Israël	0,71	0,61	0,22	[1]	0,86	0,74	0,27	[1]	230,9	138,6	38,4	[1]	17,8	12,9	3,7	[1]
Japon	16,09	10,52	15,90		13,68	8,95	13,52		118,0	71,9	106,8		17,3	13,6	25,8	
Corée	1,54	8,57	11,36		2,00	11,13	14,75		53,4	249,2	307,6		5,8	24,9	41,0	
Luxembourg	0,07	0,07	0,11		0,09	0,09	0,13		255,7	217,7	263,8		49,0	47,2	135,3	
Nouvelle-Zélande	1,18	0,27	0,49		1,12	0,26	0,46		354,3	70,8	106,4		19,5	4,6	7,6	
Norvège	3,85	3,24	2,10		2,79	2,35	1,52		682,0	538,1	314,9		64,0	46,3	50,9	
Pologne		1,05	2,94			1,78	5,02			46,4	131,1			6,5	21,6	

Tableau 2, suite

Pays	Dépense publique agricole, dollars EU 2005 (milliards)				Dépense publique agricole, dollars EU 2005 (milliards)				Dépense publique agricole de la population totale, par habitant, dollars internationaux 2005 (milliards)				% de la dépense agricole par rapport au PIB agricole			
	1980	1995	2009		1980	1995	2009		1980	1995	2009		1980	1995	2009	
Portugal		0,81	0,44			1,44	0,78			142,0	73,3			15,8	14,6	
Slovénie		0,11	0,17			0,23	0,36			117,4	176,2			16,7	27,6	
Espagne	1,98	0,27	0,82		3,08	0,42	1,28		82,1	10,7	28,0		7,8	1,2	4,2	
Suède	2,28	1,18	0,81		1,81	0,94	0,64		217,8	106,2	68,7		22,8	14,4	11,9	
Suisse	2,29	3,12	2,52	[2]	1,69	2,30	1,85	[2]	267,4	327,3	244,4	[2]	26,1	47,3	47,6	[2]
Royaume-Uni	5,41	1,49	3,67		4,96	1,37	3,36		87,8	23,5	54,3		21,5	4,9	22,9	
États-Unis	16,25	11,89	20,11		16,25	11,89	20,11		70,7	44,6	65,4		10,9	8,2	16,0	
PAYS NON-OCDE À HAUT REVENU																
Bahamas	0,01	0,01	0,01		0,01	0,02	0,02		55,2	66,7	50,5		12,0	10,9	13,4	
Bahreïn	0,01	0,01	0,01	[2]	0,02	0,02	0,02	[2]	45,4	39,7	22,8	[2]	16,7	16,2	9,5	[2]
Croatie		0,13	0,62			0,21	0,95			43,9	214,8			6,0	24,2	
Chypre	0,15	0,12	0,10		0,27	0,21	0,19		398,7	240,1	171,3		47,8	29,6	43,8	
Koweï	0,01	0,12	0,13		0,02	0,18	0,19		11,0	109,6	71,7		13,0	61,6	33,0	
Malte	0,02	0,01	0,04		0,04	0,03	0,07		109,8	77,1	175,0		31,2	17,6	46,9	
Oman	0,05	0,13	0,06		0,10	0,24	0,12	[1]	81,2	109,7	47,5	[1]	28,0	20,7	9,6	[1]
Singapour	0,02	0,03	0,04	[1]	0,03	0,04	0,06		12,6	12,1	11,1		5,3	19,3	24,4	
Émirats Arabes unis	0,06	0,05	0,05		0,09	0,08	0,08		86,0	34,4	11,8		2,3	3,4	2,6	

INDICE DE LA FAIM DANS LE MONDE

L'Indice de la faim dans le monde (Global Hunger Index, GHI) est calculé chaque année par l'IFPRI afin de mesurer et de suivre l'évolution de la faim au niveau mondial, mais aussi par pays et par région. Afin d'illustrer la nature multidimensionnelle de la faim, le GHI associe trois indicateurs pondérés de manière égale en un seul indice numérique : (1) la proportion de la population sous-alimentée ; (2) le pourcentage d'enfants de moins de cinq ans souffrant d'insuffisance pondérale ; et (3) le taux de mortalité chez les moins de cinq ans.

Selon le GHI de 2011, la faim dans le monde a lentement reculé au cours des vingt dernières années (les scores individuels de chaque pays pour 2011 sont indiqués au Tableau 3). Entre 1990 et 2011, les plus grandes améliorations en termes de score absolu ont été observées dans les pays suivants : Angola, Bangladesh, Éthiopie, Mozambique, Nicaragua, Niger et Vietnam. Toutefois, la faim s'est aggravée au Burundi, aux Comores, en Côte d'Ivoire, en République démocratique du Congo, en Corée du Nord et au Swaziland.

En mettant en lumière les succès et les échecs de la lutte contre la faim et en fournissant des informations sur les facteurs responsables de la faim, le GHI révèle les zones géographiques où l'action politique semble la plus indispensable, mais aussi les régions qui offrent des leçons politiques intéressantes.

Site web : www.ifpri.org/publication/2011-global-hunger-index
Contacts : Klaus von Grebmer or Tolulope Olofinbiyi
Courriel : k.vongrebmer@cgiar.org or t.olofinbiyi@cgiar.org

TABLEAU 3 **Indices de la faim dans le monde (différentes années) par rang des pays en 2011**

Rang	Pays	1990 (données de 1988–92)	1996 (données de deux 1994–98)	2001 (données de 1999–2003)	2011 (données de 2004–09)
1	Gabon	8,4	6,8	7,3	5,2
2	Maurice	8,0	7,4	6,0	5,4
2	Paraguay	7,7	5,5	5,2	5,4
4	Chine	11,7	9,1	6,8	5,5
4	Le Salvador	10,1	9,0	5,4	5,5
4	République kirghize	—	9,1	8,7	5,5
7	Trinité-et-Tobago	6,9	7,5	6,3	5,6
8	Colombie	9,1	6,8	5,8	5,7
9	Maroc	7,7	6,7	6,1	5,9
9	Pérou	14,5	10,8	9,0	5,9
11	Turkménistan	—	10,1	8,8	6,2
12	Ouzbékistan	—	9,1	10,7	6,3
13	Afrique du Sud	7,0	6,5	7,4	6,4
14	Panama	9,8	9,7	9,0	7,0
15	Guyane	14,4	8,9	7,8	7,1
16	Équateur	13,6	10,8	9,0	7,9
16	Honduras	13,4	13,2	10,1	7,9
18	Suriname	10,4	9,4	10,0	8,0
19	Thailande	15,1	11,9	9,5	8,1
20	Ghana	21,0	16,1	13,0	8,7
21	Nicaragua	22,6	17,8	12,3	9,2
22	Arménie	—	14,4	11,3	9,5
23	République dominicaine	14,2	11,7	10,9	10,2
24	Swaziland	9,1	12,3	12,6	10,5
25	Vietnam	25,7	21,4	15,5	11,2
26	Mongolie	16,3	17,7	14,8	11,4
27	Philippines	19,9	17,5	14,1	11,5
28	Lesotho	12,7	13,9	13,8	11,9
29	Bolivie	17,0	14,6	12,5	12,2
29	Indonésie	18,5	15,5	14,3	12,2
31	Mauritanie	22,7	16,9	16,9	12,7
32	Botswana	13,4	15,5	15,9	13,2
32	Congo, Rép,	23,2	24,2	16,0	13,2
34	Sénégal	18,7	19,7	19,3	13,6
35	Namibie	20,3	18,7	16,3	13,8
36	Guatemala	15,1	15,8	15,1	14,0
36	Sri Lanka	20,2	17,8	14,9	14,0
38	Bénin	21,5	20,2	16,9	14,7
39	Gambie	15,8	20,3	16,4	15,0
40	Nigéria	24,1	21,2	18,2	15,5
41	Myanmar	29,2	25,4	22,5	16,3
42	Ouganda	19,0	20,4	17,7	16,7
43	Tajikistan	—	24,4	24,5	17,0
44	Burkina Faso	23,7	22,5	21,7	17,2
45	Guinée	22,4	20,3	22,4	17,3
46	Cameroun	21,9	22,4	19,4	17,7
46	Zimbabwe	18,7	22,3	21,3	17,7
48	Côte d'Ivoire	16,6	17,6	16,4	18,0
49	Malawi	29,7	27,1	22,4	18,2
50	Kenya	20,6	20,3	19,9	18,6
51	Corée du nord	16,1	20,3	20,1	19,0
52	Guinée-Bissau	21,7	22,3	22,8	19,5
53	Mali	27,9	26,3	23,2	19,7
54	Cambodge	31,7	31,4	26,3	19,9
54	Népal	27,1	24,6	23,0	19,9
56	Togo	26,6	22,2	23,6	20,1
57	RDP Lao	29,0	25,2	23,6	20,2
58	Tanzanie	23,1	27,4	26,0	20,5
59	Pakistan	25,7	22,0	21,9	20,7
60	Rwanda	28,5	32,7	25,2	21,0
61	Libéria	23,5	26,9	25,8	21,5
61	Soudan	29,2	24,7	25,9	21,5
63	Djibouti	30,8	25,8	25,3	22,5
63	Madagascar	24,4	24,8	24,8	22,5
65	Mozambique	35,7	31,4	28,4	22,7
66	Niger	36,2	36,2	30,8	23,0
67	Inde	30,4	22,9	24,1	23,7
68	Zambie	24,7	25,0	27,6	24,0

Échelle de sévérité du GHI

- ≥ 30,0 Extrêmement alarmant
- 20,0–29,9 Alarmant
- 10,0–19,9 Grave
- 5,0–9,9 Modéré
- ≤ 4,9 Bas
- Aucune donnée

Tableau 3, suite

Rang	Pays	1990 (données de 1988–92)	1996 (données de deux 1994–98)	2001 (données de 1999–2003)	2011 (données de 2004–09)
69	Angola	43,0	40,7	33,4	24,2
70	Bangladesh	38,1	36,3	27,6	24,5
71	Sierra Leone	33,0	30,5	30,7	25,2
72	Yémen	30,4	27,8	27,9	25,4
73	Comores	22,3	27,1	30,1	26,2
74	République centrafricaine	27,6	28,6	27,7	27,0
75	Timor-Leste	—	—	26,1	27,1

Rang	Pays	1990 (données de 1988–92)	1996 (données de deux 1994–98)	2001 (données de 1999–2003)	2011 (données de 2004–09)
76	Haïti	34,0	32,3	26,0	28,2
77	Éthiopie	43,2	39,1	34,7	28,7
78	Tchad	39,2	35,8	31,0	30,6
79	Érythrée	—	37,7	37,6	33,9
80	Burundi	31,4	36,3	38,5	37,9
81	Congo, Rép, dém,	24,0	35,2	41,2	39,0

Pays dont l'indice en 2011 est inférieur ou égal à 4,9

Pays	1990 (Données de 1988-92)	1996 (données de 1994-98)	2001 (données de 1999-2003)	2011 (données de 2004-2009)
Albanie	8,9	5,2	8,2	<5
Algérie	6,4	7,2	5,9	<5
Argentine	<5	<5	<5	<5
Azerbaidjan	—	15,0	7,8	<5
Bélarus	—	<5	<5	<5
Bosnie-Herzégovine		<5	<5	<5
Brésil	7,6	6,2	5,3	<5
Bulgarie	<5	<5	<5	<5
Chili	<5	<5	<5	<5
Costa Rica	<5	<5	<5	<5
Croatie	—	<5	<5	<5
Cuba	<5	6,5	<5	<5
Égypte	7,8	6,6	<5	<5
Estonie	—	<5	<5	<5
Fidji	6,1	<5	<5	<5
Géorgie	—	8,9	6,0	<5
Iran, Rép. islamique	9,4	7,5	5,0	<5
Jamaïque	6,5	5,0	<5	<5
Jordanie	<5	<5	<5	<5
Kazakhstan	—	<5	5,3	<5
Koweït	9,3	<5	<5	<5

Pays	1990 (Données de 1988-92)	1996 (données de 1994-98)	2001 (données de 1999-2003)	2011 (données de 2004-2009)
Lettonie	—	<5	<5	<5
Liban	<5	<5	<5	<5
Libye	<5	<5	<5	<5
Lithuanie	—	<5	<5	<5
Macédoine, ERY	—	<5	<5	<5
Malaisie	9,0	6,7	6,6	<5
Mexique	7,8	<5	<5	<5
Moldavie	—	5,9	5,2	<5
Monténégro	—	—	—	<5
Roumanie	<5	<5	<5	<5
Russie, Fédération de		<5	<5	<5
Arabie saoudite	5,8	6,1	<5	<5
Serbie	—	—	—	<5
République slovaque	—	<5	<5	<5
République arabe syrienne	7,7	5,6	5,4	<5
Tunisie	<5	<5	<5	<5
Turquie	5,7	5,2	<5	<5
Ukraine	—	<5	<5	<5
Uruguay	<5	<5	<5	<5
Vénézuela, Rép. Bol.	6,6	7,0	6,4	<5

INDICATEURS DE CAPACITÉS DE RECHERCHE EN MATIÈRE DE POLITIQUES ALIMENTAIRES

Au niveau local, les capacités de recherche et d'analyse en matière de politique alimentaire sont indispensables afin d'élaborer des politiques basées sur des données tangibles et de faciliter leur adoption. Toutefois, par le passé, le manque de données, de même que l'éparpillement des capacités politiques à travers une myriade d'institutions au sein d'un même pays, ont entravé la mise au point d'indicateurs de capacités. À partir de 2011, l'IFPRI a commencé à documenter systématiquement les capacités de recherche en politique alimentaire dans 25 pays en développement en vue de définir des indicateurs capables de mesurer les capacités nationales d'un pays à concevoir, mettre en œuvre et évaluer des politiques relatives aux secteurs de l'alimentation, de l'agriculture et des ressources naturelles. Cette étude désigne toute recherche socio-économique et à orientation politique dans ces trois secteurs comme recherche en politique alimentaire.

À l'heure actuelle, deux indicateurs permettent de mesurer les capacités de recherche en politique alimentaire au niveau national. Le premier répertorie la disponibilité de ressources humaines qualifiées dans le domaine de la recherche en politique alimentaire par million de personnes vivant en zone rurale (voir résultats de 2010 au Tableau 4). Cet indicateur se base sur le nombre de chercheurs à plein temps, ayant un diplôme de doctorat ou de niveau équivalent, participant aux recherches en politique alimentaire au sein des principaux ministères et des grandes organisations universitaires de recherche d'un pays. Pour calculer cet indicateur, nous multiplions le nombre total de chercheurs de niveau équivalent au doctorat — la somme des chercheurs diplômés d'un doctorat, d'une maîtrise (pondérée comme la moitié d'un doctorat) et d'une licence (pondérée comme un quart d'un doctorat) — par le temps moyen qu'ils consacrent aux activités de recherche sur les politiques alimentaires.

Le deuxième indicateur mesure le nombre d'articles publiés dans des revues internationales pour chaque chercheur à plein temps, de niveau équivalent au doctorat, dans le pays. Cet indicateur se base sur le nombre d'articles publiés dans des revues internationales et produits par des chercheurs travaillant dans les organisations étudiées entre 2006 et 2010 dans le pays concerné. Pour obtenir cet indicateur, nous recherchons dans les bases de données Web of Science et Econ Lit tous les articles liés aux questions socio-économiques ou de politique alimentaire auxquels le nom des organisations est associé. Le nombre total de publications, c'est-à-dire la somme du nombre d'articles sur les questions socio-économiques et de politique alimentaire publiés par toutes les organisations étudiées, est ensuite divisé par le nombre total de chercheurs à plein temps, de niveau équivalent au doctorat, dans le pays concerné. Cet indicateur reflète la qualité des capacités nationales de recherche sur les politiques alimentaires.

Cet ensemble de données préliminaire n'est que le début d'une initiative qui vise à produire, à plus long terme, un ensemble d'indicateurs de capacités en matière de politique alimentaire que l'IFPRI pourra facilement suivre au fil du temps et que les responsables et autres parties concernées pourront utiliser dans la conception d'interventions efficaces visant à développer les capacités.

Contacts : Suresh Babu or Paul Dorosh
Courriel : s.babu@cgiar.org or p.dorosh@cgiar.org

TABLEAU 4 Indicateurs de la capacité de recherche en matière de politiques alimentaires, 2010

Pays	Analystes/ chercheurs (effectifs) en 2010	Équivalent plein temps Analystes/ chercheurs niveau doctorat en 2010	Publications internationales publiées de 2006 à 10	Équivalent plein temps Analystes/ chercheurs niveau doctorat par million d'habitants milieu rural en 2010	Publications par équivalent plein temps chercheurs niveau doctorat (sur cinq ans)
Afghanistan	43	3,488	0	0,135	0
Bangladesh	66	31,65	25	0,296	0,79
Bénin	38	11,138	12	2,17	1,077
Burundi	35	3,25	0	0,436	0
Colombie	82	14,433	12	1,252	0,831
Éthiopie	74	21,55	21	0,315	0,974
Ghana	95	12,589	35	1,064	2,78
Guatemala	45	3,965	4	0,546	1,009
Honduras	32	1,87	5	0,481	2,674
Kenya	155	30,755	43	0,976	1,398
Libéria	34	0,515	0	0,335	0
Madagascar	186	17,913	8	1,239	0,447
Malawi	50	8,875	5	0,743	0,563
Mozambique	37	5,678	15	0,394	2,642
Népal	26	6,375	2	0,26	0,314
Niger	28	8,563	4	0,663	0,467
Nigéria	349	78,188	21	0,983	0,269
Pérou	41	9,464	16	1,146	1,691
Rwanda	37	5,84	1	0,678	0,171
Sénégal	71	21,513	3	3,03	0,139
Afrique du Sud	198	64,413	183	3,364	2,841
Tanzanie	91	8,413	12	0,255	1,426
Ouganda	34	10,89	14	0,376	1,286
Zambie	35	9,3	9	1,119	0,968
Zimbabwe	36	9,52	11	1,227	1,155

PRODUCTIVITÉ TOTALE DES FACTEURS DANS LE SECTEUR AGRICOLE

La productivité totale des facteurs (PTF), c'est-à-dire la quantité totale des produits relativement à la quantité totale des intrants utilisés pour obtenir ce produit, constitue l'un des indicateurs-clés de la performance du secteur agricole. À long terme, la PTF est le principal moteur de la croissance agricole et peut subir l'influence des politiques et des investissements. Elle est déterminée par l'efficacité de l'allocation des ressources au cours de la production en fonction de la technologie utilisée (la composante « efficacité ») et par l'adoption de nouvelles technologies (la composante « évolution technique ») qui apportent des moyens à la fois nouveaux et plus efficaces d'obtenir les produits (voir Tableau 5). Par le passé, dans plusieurs pays en développement, les politiques économiques se sont accompagnées d'importants effets négatifs pour la croissance agricole en raison des distorsions de prix qui ont eu pour résultat une augmentation de l'inefficacité et une croissance nulle ou négative de la PTF. D'autre part, les investissements publics dans la recherche et le développement agricoles ont toujours constitué l'un des principaux moteurs de l'évolution technique dans le secteur agricole, contribuant au processus de transformation agricole dans de nombreux pays d'Asie et d'Amérique latine.

Contact : Alejandro Nin-Pratt (a.nin-pratt@cgiar.org)

TABLEAU 5 **Croissance moyenne annuelle de la productivité totale des facteurs agricoles (PTF), de l'efficience et le changement technologique (%) pour différentes années**

	1981–90			1991–2000			2001–09		
Région/pays	PTF	Efficience	Change-ment tech-nologique	PTF	Efficience	Change-ment tech-nologique	PTF	Change-ment tech-nologique	Technical change
AFRIQUE SUBSAHARIENNE	**0,39**	**−0,03**	**0,44**	**1,99**	**1,27**	**0,71**	**2,26**	**1,60**	**0,66**
Angola	2,01	2,01	0,00	5,26	4,94	0,31	4,25	4,25	−0,00
Burkina Faso	−3,15	−4,21	1,11	1,68	1,68	0,00	8,84	8,47	0,34
Cameroun	0,54	0,54	0,00	1,73	0,71	1,01	3,36	3,03	0,33
Cote d'Ivoire	1,73	0,85	0,87	2,62	0,00	2,62	−0,05	−0,08	0,02
Éthiopie	−0,76	−0,76	0,00	0,77	0,50	0,27	3,46	3,37	0,10
Ghana	−0,32	−0,41	0,09	6,99	5,42	1,48	3,43	0,00	3,43
Guinée	−1,73	−1,73	−0,00	−0,12	−0,13	0,00	0,56	0,56	0,00
Kenya	0,87	0,81	0,06	0,34	−0,26	0,59	−0,00	−0,55	0,54
Madagascar	−0,28	−0,28	0,00	−1,22	−1,24	0,02	0,78	0,75	0,04
Malawi	0,42	0,42	0,00	4,93	3,38	1,50	−3,03	−4,80	1,86
Mali	1,11	1,11	0,00	−1,17	−1,30	0,13	5,91	5,35	0,53
Mozambique	0,10	0,10	0,00	2,04	1,37	0,67	8,27	6,03	2,11
Nigéria	2,25	2,23	0,02	3,80	1,78	1,98	1,65	0,00	1,65
Sénégal	2,23	2,23	0,00	0,14	0,13	0,00	−1,32	−1,33	0,01
Afrique du Sud	1,52	−4,30	6,08	4,54	3,31	1,19	3,24	3,24	0,00
Soudan	−1,73	−1,74	0,01	2,85	2,85	0,00	2,93	2,93	0,00
Tanzanie	1,57	1,55	0,02	−0,24	−0,44	0,20	6,13	6,13	−0,00
Zambie	0,11	−0,03	0,14	1,37	0,14	1,23	0,57	−0,32	0,90
Zimbabwe	0,97	0,96	0,02	1,49	1,30	0,19	−6,06	−6,67	0,65
PROCHE-ORIENT ET AFRIQUE DU NORD	**1,85**	**−0,37**	**2,24**	**1,75**	**0,24**	**1,51**	**2,64**	**0,52**	**2,14**
Algérie	2,34	−2,34	4,80	2,76	1,57	1,17	4,00	3,95	0,05
Égypte	1,81	0,00	1,81	2,35	0,00	2,35	1,02	−0,02	1,04
Iran	−0,39	−0,42	0,04	2,58	0,90	1,67	3,14	−0,43	3,59
Jordanie	3,80	3,22	0,55	1,92	0,46	1,45	5,12	1,53	3,54
Liban	6,11	−0,00	6,11	1,47	−0,92	2,42	2,46	0,24	2,21
Libye	2,58	1,03	1,54	4,05	2,10	1,91	1,88	−2,08	4,05
Maroc	3,04	1,37	1,65	−0,57	−1,13	0,57	4,80	4,80	0,00
Syrie	−4,55	−4,97	0,45	1,91	0,48	1,42	0,06	−3,29	3,47
Tunisie	2,45	−2,23	4,79	−0,09	−1,07	0,99	1,97	1,97	0,00
Turquie	1,27	0,63	0,64	1,11	−0,01	1,12	1,97	−1,48	3,50

Source: IFPRI calculations, based on FAOSTAT data.

Table 5, continued

Région/pays	1981–90			1991–2000			2001–09		
	PTF	Efficience	Changement technologique	PTF	Efficience	Changement technologique	PTF	Changement technologique	Technical change
ASIE DE L'EST ET DU SUD	**−0,13**	**−0,60**	**0,46**	**1,12**	**0,02**	**1,09**	**1,92**	**−0,11**	**2,02**
Bangladesh	0,11	−0,57	0,68	2,82	0,57	2,24	3,77	0,00	3,77
Chine	0,90	0,62	0,28	2,96	2,90	0,06	−0,49	−2,02	1,56
Indonésie	0,56	0,00	0,56	2,93	−0,00	2,93	1,41	−0,00	1,41
Inde	−0,24	−0,38	0,14	0,33	−0,37	0,70	−0,54	−1,09	0,55
Sri Lanka	−0,54	−0,62	0,08	0,30	0,28	0,02	−1,74	−1,88	0,14
Mongolie	0,62	0,30	0,32	10,05	6,20	3,62	0,80	−0,92	1,73
Malaisie	0,85	−0,29	1,15	−0,88	−1,18	0,31	2,10	1,65	0,44
Népal	−0,02	−0,66	0,65	0,07	−0,37	0,44	8,76	2,32	6,30
Pakistan	0,06	−0,24	0,30	0,10	−1,17	1,28	−0,79	−2,23	1,48
Philippines	−0,83	−1,50	0,68	0,58	0,19	0,40	6,86	1,49	5,30
Thailande	−3,71	−3,81	0,10	0,06	−0,53	0,59	1,58	0,49	1,08
Vietnam	0,63	0,00	0,63	−5,86	−6,28	0,45	1,36	0,87	0,48
AMÉRIQUE LATINE	**0,54**	**−2,23**	**2,87**	**1,78**	**1,13**	**0,63**	**1,87**	**1,36**	**0,51**
Argentine	0,96	0,49	0,47	−0,36	−1,34	1,00	4,01	2,10	1,87
Bolivie	0,19	0,19	0,00	2,04	2,04	0,00	−0,05	−0,05	0,00
Brésil	3,17	−1,43	4,66	1,04	0,14	0,90	5,19	5,19	0,00
Chili	0,84	−5,29	6,47	0,94	0,15	0,79	3,65	3,65	0,00
Colombie	0,45	−3,06	3,63	3,65	3,12	0,51	2,31	2,31	0,00
Costa Rica	3,06	−3,01	6,25	2,72	2,04	0,66	3,26	3,26	0,00
République dominicaine	0,63	−0,31	0,94	1,20	0,43	0,76	4,32	0,00	4,32
Équateur	0,32	−1,60	1,96	−1,40	−1,71	0,32	−0,90	−0,90	−0,00
Le Salvador	−1,29	−4,06	2,88	1,33	0,88	0,44	3,27	3,27	0,00
Guatemala	0,91	−0,98	1,91	1,41	0,94	0,46	1,44	0,87	0,57
Haïti	−0,77	−0,77	0,00	−1,28	−1,31	0,03	−0,71	−0,75	0,04
Mexique	−1,49	−5,40	4,14	2,34	1,22	1,11	2,32	1,95	0,36
Nicaragua	−0,22	−4,10	4,05	5,68	5,21	0,45	−2,67	−2,67	0,00
Panama	0,24	−3,50	3,87	0,87	0,09	0,78	3,31	3,31	0,00
Pérou	1,40	−0,39	1,80	3,31	3,22	0,08	2,05	2,04	0,01
Uruguay	1,37	0,59	0,78	1,73	0,99	0,74	1,12	−0,35	1,47
Vénézuela	−0,54	−5,20	4,91	4,99	3,18	1,75	−0,07	−0,07	0,00
ENSEMBLE DES RÉGIONS	**0,66**	**−0,81**	**1,50**	**1,66**	**0,67**	**0,98**	**2,17**	**0,84**	**1,33**

NOTES

CHAPITRE 1

Texte

[1] N. Kumar et A. R. Quisumbing, *Gendered Impacts of the 2007–08 Food Price Crisis: Evidence Using Panel Data from Rural Ethiopia,* Document de discussion No. 1093 de l'IFPRI (Washington, DC : Institut international de recherche sur les politiques alimentaires, 2011).

[2] Centre de recherche sur l'épidémiologie des catastrophes (CRED), Université catholique de Louvain (Belgique), EM-DAT : Base de données internationale sur les catastrophes naturelles, www.emdat.be/database.

[3] Munich Re, "Review of Natural Catastrophes in 2011: Earthquakes Result in Record Loss Year," communiqué de presse, 4 janvier 2012.

[4] H. De Gorter et D. Just, "The Economics of Blend Mandates for Biofuels," *American Journal of Agricultural Economics* 91, no. 3 (2009): 738–750.

[5] Organisation des Nations Unies pour l'alimentation et l'agriculture, *L'État des ressources mondiales en terres et en eau : Gestion des systèmes en danger* (Rome et Londres : FAO et Earthscan, 2011)

[6] J. Behrman, R. Meinzen-Dick et A. Quisumbing, "The Gender Implications of Large-Scale Land Deals," *Journal of Peasant Studies* 39, no. 1 (2012): 49-79.

[7] Groupe d'experts de haut niveau sur la sécurité alimentaire et la nutrition (HLPE) du Comité de la sécurité alimentaire mondiale, *Land Tenure and International Investments in Agriculture* (Rome: HLPE, 2011) ; Organisation des Nations Unies pour l'alimentation et l'agriculture, "FAO Head Warns on Land-Grabbing: Foreign Investment as Tool for Development," communiqué de presse, 12 mai 2011 ; K. Deininger et D. Byerlee avec J. Lindsay, A. Norton, H. Selod et M. Stickler, *Rising Global Interest in Farmland: Can It Yield Sustainable and Equitable Benefits?* (Washington, DC : Banque mondiale) ; Fonds international de développement agricole, *Responding to "Land Grabbing" and Promoting Responsible Investment in Agriculture,* Série des documents occasionnels du FIDA (Rome, 2011).

CHAPITRE 2

Texte

[1] C. Martins-Filho, M. Torero et F. Yao, « Estimation of Quantiles Based on Nonlinear Models of Commodity Price Dynamics and Extreme Value Theory » (Washington, DC: Institut International de Recherche sur les Politiques Alimentaires, 2010), mimeo.

[2] La Figure 2 illustre les résultats d'un modèle de l'évolution dynamique des rendements quotidiens basé sur des données historiques depuis 1954 (connu comme le modèle d'estimation non-paramétrique de quantiles extrêmes). Ce modèle est ensuite combiné à la théorie des valeurs extrêmes afin d'estimer les quantiles d'ordre élevé des séries relatives au rendement, permettant ainsi de classifier tout rendement particulier obtenu (c'est-à-dire, les rendements réels sur les marchés à terme) comme extrêmement élevé ou non. Une période de temps qui se caractérise par une variation extrême des prix (volatilité) est une période de temps au cours de laquelle nous pouvons observer un grand nombre de rendements positifs extrêmes. Un rendement positif extrême est défini comme un rendement qui excède un certain seuil préétabli. Ce seuil est considéré comme un quantile conditionnel d'ordre élevé (95 %), c'est-à-dire comme une valeur de rendement dont la probabilité d'être dépassée est faible (5 %). La présence d'un ou de deux rendements de la sorte n'indique pas nécessairement une période de volatilité excessive. Les périodes de volatilité excessive sont identifiées par le biais d'un test statistique appliqué au nombre de fois qu'une valeur extrême est observée sur une période de 60 jours consécutifs.

[3] P. Al-Riffai, B. Dimaranan et D. Laborde, « Global Trade and Environmental Impact Study of the EU Biofuels Mandate », rapport sur une étude menée par l'Institut international de recherche sur les politiques alimentaires (IFPRI) pour le compte de la direction générale du commerce de la Commission européenne (Bruxelles, 2010), mimeo; P. Al-Riffai, B. Dimaranan et D. Laborde, « European Union and United States Biofuel Mandates: Impacts on World Markets », Notes techniques No. IDB-TN-191 (Washington, DC: Banque interaméricaine de développement, 2010) ; D. Laborde, *Assessing the Land Use Changes Consequences of European Biofuel Policies and Its Uncertainties,* Rapport de recherche ATLASS pour la direction générale du commerce de la Commission européenne (Bruxelles, 2011).

[4] Organisation de coopération et de développement économiques, La hausse des prix alimentaires : Causes et conséquences, Rapport politique de l'OCDE (Paris, 2008), www.oecd.org/dataoecd/54/42/40847088.pdf; J. von Braun, « Rising Food Prices: What Should Be Done? » Note politique de l'IFPRI (Washington, DC: Institut international de recherche sur les politiques alimentaires, 2008) ; Conseil sur les perspectives agricoles mondiales (*World Agricultural Outlook Board*) du Département de l'agriculture des États-Unis, *World Agricultural Supply and Demand Estimates,* WASDE-460 (Washington, DC, 2008); D. Headey et S. Fan, *Reflections on the Global Food Crisis: How Did It Happen? How Has It Hurt? And How Can We Prevent the Next One?* Monographie de recherche 165 (Washington, DC: Institut International de Recherche sur les Politiques Alimentaires, 2010); HM Government, *The 2007/08 Agricultural Price Spikes: Causes and Policy Implications* (Londres : Département pour l'environnement, l'alimentation et les affaires rurales, 2010).

[5] R. H. Kripalani, J. H. Oh, A. Kulkarni, S. S. Sabered et H. S. Chaudhari, « South Asian Summer Monsoon Precipitation Variability: Coupled Climate Model Simulations and Projections under IPCC AR4, » *Theoretical and Applied Climatology* 90, no 3–4 (2007): 133–159 ; M. J. Salinger, « Climate Variability and Change: Past, Present, and Future—An Overview, » *Climatic Change* 70, nos. 1–2 (2005): 9–29 ; K. Viatcheslav, F. W. Zwiers, X. Zhang et G. C. Hegerl, « Changes in Temperature and Precipitation Extremes in the IPCC Ensemble of Global Coupled Model Simulations, » *Journal of Climate* 20, no 8 (2010): 1419–1444 ; F. Giorgi, X. Bi e t J. Pal, « Mean, Interannual Variability and Trends in a Regional Climate Change Experiment over Europe. II: Climate Change Scenarios (2071–2100) », *Climate Dynamics* 23, no 7–8 (2004): 839–858.

[6] G. C. Nelson, M. W. Rosegrant, A. Palazzo, I. Gray, C. Ingersoll, R. Robertson, S. Tokgoz, et al., *Food Security, Farming, and Climate Change to 2050: Scenarios, Results, Policy Options* (Washington, DC: Institut international de recherche sur les politiques alimentaires, 2010).

[7] M. Hernandez et M. Torero, « Examining the Dynamic Relationship between Spot and Futures Prices of Agricultural Commodities », in *Commodity Market Review 2009–2010* (Rome: Organisation des Nations Unies pour l'alimentation et l'agriculture, 2010).

[8] W. Martin et K. Anderson, « Trade Distortions and Food Price Surges », document préparé pour la conférence « Agriculture for Development—Revisited » organisée conjointement par la Banque mondiale et l'Université de Californie, à Berkeley, Californie, États-Unis, 1 et 2 octobre 2010.

[9] B. Wright, *International Grain Reserves and Other Instruments to Address Volatility in Grain Markets,* Document de travail en recherche politique 5028 (Washington, DC: Banque mondiale, 2009).

[10] P. Timmer, « Reflections on Food Crises Past », *Food Policy 35,* no 1 (2010): 1-11.

[11] B. Wright, Speculators, Storage, and the Price of Rice (Giannini Foundation of Agricultural Economics, Université de Californie, Berkeley, 2008) ; Wright, *International Grain Reserves and Other Instruments to Address Volatility* ; A. Evans, *The Feeding of the Nine Billion: Global Food Security for the 21st Century* (Londres: Chatham House, 2009).

[12] Martins-Filho, Torero et Yao, « Estimation of Quantiles Based on Nonlinear Models of Commodity Price Dynamics. »

[13] A. Sarris, *Hedging Cereal Import Price Risks and Institutions to Assure Import Supplies,* Document de travail de la FAO (Rome: Organisation des Nations Unies pour l'alimentation et l'agriculture, 2009).

[14] Wright, *International Grain Reserves and Other Instruments to Address Volatility* ; J. Lin, « Prepared Remarks Presented at the Roundtable on Preparing for the Next Global Food Price Crisis », Center for Global Development, Washington, DC, 17 octobre 2008.

[15] J. von Braun et M. Torero, *Physical and Virtual Global Food Reserves to Protect the Poor and Prevent Market Failure,* Policy Brief 4 (Washington, DC: Institut international de recherche sur les politiques alimentaires, 2008).

[16] Lin, « Prepared Remarks Presented at the Roundtable » ; J. von Braun, J. Lin et M. Torero, « Eliminating Drastic Food Price Spikes: A Three-Pronged Approach for Reserves », note de discussion (Institut international de recherche sur les politiques alimentaires, DC, 2009) ; et pour le riz : Timmer, « Reflections on Food Crises Past. »

[17] von Braun and Torero, *Physical and Virtual Global Food Reserves* ; J. von Braun and M. Torero, *Implementing the Physical and Virtual Food Reserves to Protect the Poor and Prevent Market Failure,* Note politique de l'IFPRI no 10 (Washington, DC: Institut international de recherche sur les politiques alimentaires, 2009) ; J. von Braun and M. Torero, « Exploring the Price Spike », Choices 24, no 1 (2009), www.choicesmagazine.org/magazine/article.php?article=58, consulté le 16 mars 2012.

Encadré 1

[1] K. Anderson et S. Nelgen, « Agricultural Trade Distortions during the Global Financial Crisis », *Oxford Review of Economic Policy* 28, no 1 (2012).

[2] W. Martin et K. Anderson, « Export Restrictions and Price Insulation during Commodity Price Booms », *American Journal of Agricultural Economics* 94, no 2 (2012): 422-27.

CHAPITRE 3

Texte

[1] S. Devereux, *Vulnerable Livelihoods in Somali Region, Ethiopia,* Rapport de recherche N° 57 (Sussex, Royaume Uni: Institute for Development Studies, 2006); C. Funk, *A Climate Trend Analysis of Kenya: August 2010,* US Geological Survey Fact Sheet 2010-3074 (Washington, DC: US Geological Survey, 2010); A. P. Williams et C. Funk, «A Westward Extension of the Warm Pool Leads to a Westward Extension of the Walker Circulation, Drying Eastern Africa», *Climate Dynamics* 37, nos. 11–12 (2011): 2417–2435.

[2] A. Sen, *Poverty and Famines: An Essay on Entitlement and Deprivation* (Oxford, UK: Clarendon Press, 1981).

[3] S. Devereux, « Introduction: From 'Famines' to 'New Famines,' » dans *The New Famines: Why Famines Persist in an Era of Globalization,* ed. S. Devereux (London: Routledge, 2007).

[4] Voir, par exemple, J. G. McPeak, P. D. Little, et C. R. Doss, *Risk and Social Change in an African Rural Economy: Livelihoods in Pastoralist Communities* (New York: Routledge, 2011); F. Flintan, *Broken Lands: Broken Lives? Causes, Processes, and Impacts of Land Fragmentation in the Rangelands of Ethiopia, Kenya, and Uganda* (Nairobi: REGLAP [Regional Learning and Advocacy Programme], 2011); et Devereux, *Vulnerable Livelihoods in Somali Region, Ethiopia.*

[5] J. F. Maystadt, A. Mabiso, et O. Ecker, «Climate Change and Civil War in Somalia: Does Drought Fuel Conflict through Livestock Price Shocks?» document présenté au cours de l'atelier de l'Agence des États-Unis pour le développement international et l'Institut international de recherche sur les politiques alimentaires sur l'amélioration de la résilience dans la Corne de l'Afrique, Washington DC, 13-14 décembre 2011.

[6] T. J. Lybbert, C. B. Barrett, S. Desta, et D. L. Coppock, «Stochastic Wealth Dynamics and Risk Management among a Poor Population», *Economic Journal* 114, no. 498 (2004): 750–777; McPeak, Little, et Doss, *Risk and Social Change in an African Rural Economy;* Flintan, *Broken Lands;* Devereux, *Vulnerable Livelihoods in Somali Region, Ethiopia.*

[7] I. Livingstone, «The Common Property Problem and Pastoralist Economic Behavior,» *Journal of Development Studies* 23, no. 1 (1986): 5-19.

[8] Lybbert et al., «Stochastic Wealth Dynamics and Risk Management among a Poor Population.»

[9] P. D. Little, R. Behnke, J. McPeak, et G. Gebru, *Retrospective Assessment of Pastoral Policies in Ethiopia, 1991–2008,* Report Number 1, Pastoral Economic Growth and Development Policy Assessment, étude commanditée par le Département du RU pour le développement international (Londres, 2010).

[10] Lybbert et al., «Stochastic Wealth Dynamics and Risk Management among a Poor Population»

[11] Flintan, *Broken Lands.*

[12] Little et al., «Retrospective Assessment of Pastoral Policies in Ethiopia, 1991–2008»; Flintan, *Broken Lands;* McPeak, Little, et Doss, *Risk and Social Change in an African Rural Economy.*

[13] Devereux, *Vulnerable Livelihoods in Somali Region, Ethiopia.*

[14] Pour examen, voir D. Headey, A. S. Taffesse, et L. You, *Enhancing Resilience in the Horn of Africa: An Exploration into Alternative Investment Options,* Document de synthèse 1176 de l'IFPRI (Washington, DC: Institut international de recherche sur les politiques alimentaires, 2012).

[15] Devereux, *Vulnerable Livelihoods in Somali Region, Ethiopia.*

[16] Headey, Taffesse, et You, *Enhancing Resilience in the Horn of Africa.*

[17] P. D. Little, *Somalia: Economy without State* (Bloomington, IN, USA: Indiana University Press, 2003).

[18] McPeak, Little, et Doss, *Risk and Social Change in an African Rural Economy*; Devereux, *Vulnerable Livelihoods in Somali Region, Ethiopia.*

[19] Ibid.

[20] Ibid.

[21] Little, *Somalia: Economy without State.*

[22] Headey, Taffesse, et You, *Enhancing Resilience in the Horn of Africa.*

[23] Little et al., «Retrospective Assessment of Pastoral Policies in Ethiopia, 1991–2008.»

[24] Y. Aklilu et A. Catley, *Livestock Exports from the Horn of Africa: An Analysis of Benefits by Pastoralist Wealth Group and Policy Implications* (Medford, MA: Feinstein International Center, Tufts University, 2010).

[25] McPeak, Little, et Doss, *Risk and Social Change in an African Rural Economy.*

[26] Devereux, *Vulnerable Livelihoods in Somali Region, Ethiopia.*

[27] Communication personnelle avec John Graham, USAID Éthiopie.

[28] Headey, Taffesse, et You, *Enhancing Resilience in the Horn of Africa.*

[29] J. Konyndyk, «*Exploring the Links between Peacebuilding and Drought Resiliency in the Horn: Lessons from Mercy Corps' Programs*» présentation lors de l'atelier intitulé «Enhancing Resilience in the Horn of Africa» organisé par l'Agence des États-Unis pour le développement international et l'Institut international de recherche sur les politiques alimentaires, Washington DC, 1-13 décembre.

Encadré 3

[1] P. A. Dorosh, S. J. Malik,et M. Krausova, «Rehabilitating Agriculture and Promoting Food Security Following the 2010 Pakistan Floods », *Pakistan Development Review* 49, no. 3 (2010): 167-192.

[2] Pour plus d'informations sur les inondations de 2011 au Pakistan, veuillez consulter le site de l'Organisation des Nations Unies pour l'alimentation et l'agriculture, à l'adresse suivante: ww.fao.org/emergencies/country_information/list/asia/pakistanfloods2011, consultée le 15 mars 2012.

Encadré 4

[1] Pour plus d'informations sur la crise dans la Corne de l'Afrique, veuillez consulter le site Internet du Programme alimentaire mondial à l'adresse suivante: www.wfp.org/crisis/horn-of-africa, 15 mars 2012.

CHAPITRE 4

Texte

[1] Voir par exemple D. B. Lobell, W. Schlenker et J. Costa-Roberts, «Climate Trends and Global Crop Production since 1980,» *Science* 333, no. 6042 (2011) : 616–620, http://dx.doi.org/10.1126/science.1204531.

[2] P. Ericksen, P. Thornton, A. Notenbaert, L. Cramer, P. Jones et M. Herrero, *Mapping Hotspots of Climate Change and Food Insecurity in the Global Tropics,* Rapport CCAFS No 5 (Copenhague : Programme de recherches sur le changement climatique, l'agriculture et la sécurité alimentaire [CCAFS] du GCRAI, 2011), http://ccafs.cgiar.org/sites/default/files/assets/docs/ccafsreport5-climate_hotspots_final.pdf.

[3] K. K. Garg, L. Karlberg, J. Barron, S. P. Wani et J. Rockstrom, «Assessing Impacts of Agricultural Water Interventions in the Kothapally Watershed, Southern India,» *Hydrological Processes* 26, no. 3 (2011) : 287–404, http://dx.doi.org/10.1002/hyp.8138.

[4] J. Wang, J. Huang et S. Rozelle, *Climate Change and China's Agricultural Sector : An Overview of Impacts, Adaptation, and Mitigation,* Document d'information No 5 (Genève et Washington, DC : Centre international pour le commerce et pour le développement durable et International Food and Agricultural Trade Policy Council, 2010).

[5] E. Bryan, C. Ringler, B. Okoba, J. Koo, M. Herrero et S. Silvestri, *Agricultural Management for Climate Change Adaptation, Greenhouse Gas Mitigation, and Agricultural Productivity : Insights from Kenya,* document de discussion de l'IFPRI 1098 (Washington, DC : Institut international de recherche sur les politiques alimentaires, 2011).

[6] W. Schlenker et M. J. Roberts, «Nonlinear Temperature Effects Indicate Severe Damages to US Crop Yields under Climate Change,» *Proceedings of the National Academy of Sciences of the United States of America* 106, no. 37 (2009): 15594–15598, http://dx.doi.org/10.1073/pnas.0906865106.

[7] Lobell, Schlenker et Costa-Roberts, «Climate Trends and Global Crop Production since 1980.»

Encadré 5

[1] S. S. Yadav, R. Redden, J. L. Hatfield, H. Lotze-Campen, et A. Hall, eds., *Crop Adaptation to Climate Change* (West Sussex, England, UK: Wiley, 2011).

[2] P. Ericksen, P. Thornton, A. Notenbaert, L. Cramer, P. Jones et M. Herrero. 2011. *Mapping Hotspots of Climate Change and Food Insecurity in the Global Tropics.* Rapport CCAFS No. 5. Programme de recherches sur le changement climatique, l'agriculture et la sécurité alimentaire du CGIAR (CCAFS). Copenhague, Danemark. www.ccafs.cgiar.org. http://ccafs.cgiar.org/resources/climate_hotspots

[3] Programme de recherches sur le changement climatique, l'agriculture et la sécurité alimentaire du CGIAR, «*Climate Change*

Emissions and Livelihoods at the Forest-Farm Frontier,» http://ccafs.cgiar.org/news/pro-poor-mitigation/climate-change-emissions-and-livelihoods-forest-farm-frontier, accès le 15 février 2012.

[4] Programme de recherches sur le changement climatique, l'agriculture et la sécurité alimentaire du GCRAI, «*Meet the Gender, Climate Change, Agriculture, and Food Security Grant Recipients,*» http://ccafs.cgiar.org/news/decision-support/meet-gender-climate-change-agriculture-and-food-security-grant-recipients, accès le 15 février 2012.

[5] http://ccafs.cgiar.org/news/research-highlights/change-and-innovation-climate-adaptation-practices

CHAPITRE 5

Texte

[1] Organisation des Nations Unies pour l'alimentation et l'agriculture et Organisation pour la Coopération et le Développement Économique, *Price Volatility in Food and Agricultural Markets: Policy Responses,* rapport de politique avec contributions de FAO, IFAD, IMF, OECD, UNCTAD, WFP, the World Bank, the WTO, IFPRI and UN HLTF (Rome et Paris, 2011), www.oecd.org/dataoecd/40/34/48152638.pdf, accessed March 19, 2012.

[2] FAO et OECD, "Price Volatility in Food and Agricultural Markets."

[3] C. Valdes, "Brazil's Ethanol Industry: Looking Forward," BIO-02 (Washington, DC: Economic Research Service, US Department of Agriculture, 2011), www.ers.usda.gov/Publications/BIO02/BIO02.pdf, consulté le 19 mars 2012.

[4] H. Qiu, J. Huang, J. Yang, S. Rozelle et Y. Zhang, "Bioethanol Development in China and the Potential Impacts on Its Agricultural Economy," *Applied Energy* 87, no. 1 (2010): 76–83.

[5] A. Elobeid et C Hart, "Ethanol Expansion in the Food versus Fuel Debate: How Will Developing Countries Fare?" *Journal of Agricultural and Food Industrial Organization* 5, no. 2 (2007); M. W. Rosegrant, T. Zhu, S. Msangi et T. Sulser, "Global Scenarios for Biofuels: Impacts and Implications," *Review of Agricultural Economics* 30, no. 3 (2008): 495–505.

[6] T. Searchinger, R. Heimlich, R. A. Houghton, F. Dong, A. Elobeid, J. Fabiosa, S. Tokgoz, D. Hayes et T.-H. Yu, "Use of U.S. Croplands for Biofuels Increases Greenhouse Gases through Emissions from Land-Use Change," *Science* 319, no. 5867 (2008): 1238–1240; J. Fargione, J. Hill, D. Tilman, S. Polasky et P. Hawthorne, "Land Clearing and the Biofuel Carbon Debt," *Science* 319, no. 5867 (2008): 1235.

[7] P. Al-Riffai, B. Dimaranan, et D. Laborde, *Global Trade and Environmental Impact Study of the EU Biofuels Mandate,* Rapport Final pour la Direction Générale pour le Commerce de la Commission Européenne (Institut international de recherche sur les politiques alimentaires, Washington, DC, 2010).

[8] D. Laborde, *Assessing the Land Use Change Consequences of European Biofuel Policies,* Rapport Final pour la Direction Générale Commerce de la Commission Européenne (Institut international de recherche sur les politiques alimentaires, Washington, DC, 2011).

[9] H. De Gorter et D Just, "The Economics of Blend Mandates for Biofuels," *American Journal of Agricultural Economics* 91, no. 3 (2009): 738–750.

[10] J. von Braun, *The World Food Situation: New Driving Forces and Required Actions*, Rapport de l'IFPRI relatif à la politique alimentaire (Washington, DC: International Food Policy Research Institute, 2008); C. F. Runge et B. Senauer, "How Biofuels Could Starve the Poor," *Foreign Affairs* 86, no. 3 (2007): 41–53; C. F. Runge et B. Senauer, "How Ethanol Fuels the Food Crisis," *Foreign Affairs,* 28 mai 2008; B. D. Wright, "The Economics of Grain Price Volatility," *Applied Economic Perspectives and Policy* 33, no. 1 (2011): 32–58.

[11] B. Babcock, *The Impact of US Biofuel Policies on Agricultural Price Levels and Volatility*, ICTSD Issue Paper No. 35 (Genève : Centre international pour le commerce et le développement durable, 2011).

[12] D. Sperling et S. Yeh, "Low Carbon Fuel Standards," *Issues in Science and Technology* (Winter 2009): 57–66; D. Sperling et S Yeh, "Toward a Global Low Carbon Fuel Standard, *Transport Policy* 17, no. 1 (2010): 47–49.

[13] M. Khanna, X. Chen, H. Huang et H. Onal, "Land Use and Greenhouse Gas Mitigation Effects of Biofuel Policies," *University of Illinois Law Review* 2 (2011): 549–588; S. Kim et B. E. Dale, "Indirect Land Use Change for Biofuels: Testing Predictions and Improving Analytical Methodologies," *Biomass and Bioenergy* 91, no. 3 (2011): 1–6.

[14] S. Msangi, M. Batka, J. Witcover et S. Yeh, *Global Land Use Change from US Biofuels: Finding Effective Mitigation Strategies*, National Low Carbon Fuel Standard Study discussion paper (Davis, CA, US: Institute for Transportation Studies, 2012).

[15] D. C. Headey et S. Fan, *Reflections on the Global Food Crisis: How Did It Happen? How Did It Hurt? And How Can We Prevent the Next One?* Research Monograph 165 (Washington, DC: Institut international de recherche sur les politiques alimentaires, 2010).

CHAPITRE 6

Texte

[1] Institut international de recherche sur les politiques alimentaires, *Agriculture, Nutrition, and Health: Exploiting the Linkages*, Brochure de la Conférence 2020 de l'IFPRI (Washington, DC, 2010).

[2] United Nations System, Standing Committee on Nutrition, SUN Road Map Implementation, http://www.unscn.org/en/scaling_up_nutrition_sun/.

[3] Institut international de recherche sur les politiques alimentaires, *Leveraging Agriculture for Improving Nutrition and Health: Highlights from an International Conference* (Washington, DC, 2011).

[4] S. Fan, R. Pandya-Lorch et H. Fritschel, "Overview," dans *Reshaping Agriculture for Nutrition and Health,* publié sous la direction de S. Fan et R. Pandya-Lorch (Washington, D.C.: Institut international de recherche sur les politiques alimentaires, 2012).

[5] Idem.; C. Hawkes et M. Ruel, *Value Chains for Nutrition,* Résumé de la Conférence 2020 de l'IFPRI 4 (Washington, DC: Institut international de recherche sur les politiques alimentaires, 2011).

[6] IFPRI, *Leveraging Agriculture for Improving Nutrition and Health: Highlights from an International Conference.*

[7] IFPRI, *Leveraging Agriculture for Improving Nutrition and Health: The Way Forward* (Washington, DC, 2011); IFPRI, *Leveraging Agriculture for Improving Nutrition and Health: Powerpoint at a Glance* (Washington, DC, 2011).

Encadré 6

[1] Pour plus d'informations sur le Programme de recherche du CGIAR sur « L'agriculture pour l'amélioration de la nutrition et de la santé », voir l'Institut international de recherche sur les politiques alimentaires, « L'agriculture pour l'amélioration de la nutrition et de la santé (CRP4) », www.ifpri.org/ourwork/division/agriculture-improved-nutrition-and-health-crp4.

Encadré 7

[1] Les informations contenues dans cet encadré sont issues de R. Paarlberg, *2020 Conference "Leveraging Agriculture for Improving Nutrition and Health" New Delhi, India, February 10–12, 2011: Interim Report on Short-Term Impact* (Washington, DC: Institut international de recherche sur les politiques alimentaires, 2011).

Encadré 9

[1] The Water, Energy, & Food Security NEXUS Resource Platform, "Bonn2011 Conference," www.water-energy-food.org/en/whats_the_nexus/bonn_nexus_conference.html, accessed March 15, 2012.

[2] Pour un aperçu sur les données de l'IFPRI portant sur le lien entre la nourriture, l'eau et l'énergie, voir Veolia Water, *Finding the Blue Path for a Sustainable Economy*, Papier blanc, www.veoliawaterna.com/north-america-water/ressources/documents/1/19979,IFPRI-White-Paper.pdf, accessed March 15, 2012.

CHAPITRE 7

Texte

[1] United Nations Convention to Combat Desertification, "Land and Soil in the Context of a Green Economy for Sustainable Development, Food Security, and Poverty Eradication," The Submission of the UNCCD Secretariat to the Preparatory Process for the Rio+ 20 Conference, 2011, www.unccd.int/knowledge/menu.php.

[2] E. Nkonya, N. Gerber, P. Baumgartner, J. von Braun, A. De Pinto, V. Graw, E. Kato, J. Kloos et T. Walter, *The Economics of Land Degradation: Toward an Integrated Global Assessment,* Development Economics and Policy Series, Vol. 66, publié par F. Heidhues, J. von Braun et M. Zeller (Francfort: Peter Lang, 2011).

[3] E. Nkonya, F. Place, J. Pender, M. Mwanjololo, A. Okhimamhe, E. Kato, S. Crespo, J. Ndjeunga, et S. Traore, *Climate Risk Management through Sustainable Land Management in Sub-Saharan Africa*, IFPRI Discussion Paper 1126 (Washington, DC: Institut International de Recherche sur les Politiques Alimentaires, 2011).

[4] N. Linacre, A. Kossoy, et P. Ambrosi, *State and Trends of the Carbon Market* (Washington, DC: Banque mondiale, 2011).

[5] D. Celentano, E. Sills, M. Sales et A. Veríssimo, "Welfare Outcomes and the Advance of the Deforestation Frontier in the Brazilian Amazon," *World Development* 40, no. 4 (2012) : 850–64, http://dx.doi.org/10.1016/j.worlddev.2011.09.002.

[6] J. C. Cole et D. M. Liverman, "Brazil's Clean Development Mechanism Governance in the Context of Brazil's Historical Environment–Development Discourses," Carbon Management 2, no. 2 (2011): 145–60.

[7] Convention sur la diversité biologique, *Perspectives mondiales en matière de diversité biologique 3* (Montréal, 2010).

[8] Organisation des Nations Unies pour l'alimentation et l'agriculture, base de données FAOSTAT, http://faostat.fao.org.

[9] J. Bruinsma, "The Resource Outlook to 2050," in *Proceedings of the Expert Meeting on How to Feed the World in 2050* (Rome: Organisation des Nations Unies pour l'alimentation et l'agriculture, 2009).

[10] R. Licker, M. Johnston, J. A. Foley, C. Barford, C. J. Kucharik, C. Monfreda et N. Ramankutty, "Mind the Gap: How Do Climate and Agricultural Management Explain the 'Yield Gap' of Croplands around the World?" *Global Ecology and Biogeography* 119, no. 6 (2010): 769–782.

[11] D. S. Powlson, P. J. Gregory, W. R. Whalley, J. N. Quinton, D. W. Hopkins, A. P. Whitmore, P. R. Hirsch et K. W. T. Goulding, "Soil Management in Relation to Sustainable Agriculture and Ecosystem Services," *Food Policy* 36, no. 1 (2011): S72–S87.

[12] F. Akinnifesi, O. C. Ajayi, G. Sileshi, P. W. Chirwa et J. Chianu, "Fertiliser Trees for Sustainable Food Security in the Maize-based Production Systems of East and Southern Africa: A Review," *Agronomy for Sustainable Development* 30, no. 3 (2010): 615–29.

[13] Nkonya et al., *Climate Risk Management.*

[14] E. Nkonya, "*N* in Africa's Country and Regional Policies: Lessons to Enhance Broader Stakeholder and Policy-maker engagement," in M. Bekunda, N. Karanja et A. Langyintuo, eds., *Impact of Nitrogen on African Agriculture and the Environment,* Initiative internationale sur l'azote (Dordrecht, Pays-Bas : Springer, à paraître).

[15] B. Banful, E. Nkonya et V. Oboh, *Constraints to Fertilizer Use in Nigeria: Insights from Agricultural Extension Service*, IFPRI Discussion Paper 1010 (Washington, DC: Institut international de recherche sur les politiques alimentaires, 2010); E. Nkonya, A. Nana, B. Bashaasha, E. Kato et M. Magheni, "Pluralist and Demand-driven and Traditional Supply-driven Agricultural Extension Services in Africa: Which Reaches More Farmers and Women? The case of Uganda," article présenté à la conférence Tropentag "Development in the Margin," Bonn, 5 au 7 octobre 2011.

Encadré 10

[1] R. Kaur, "Return of Village Land," *Down to Earth,* 28 février 2011, www.downtoearth.org.in/node/33020.

[2] Fondation pour la sécurité écologique, "A Commons Story: In the Rain Shadow of the Green Revolution," Projet de rapport présenté à la 13ème conférence de l'Association internationale pour l'étude de la propriété commune, Hyderabad, Inde, 10 au 14 janvier 2010.

Encadré 11

[1] Organisation des Nations Unies pour l'alimentation et l'agriculture, *The State of Food and Agriculture 2010–11* (Rome, 2011), www.fao.org/publications/sofa.

[2] S. Lastarria-Cornhiel, J. A. Behrman, R. Meinzen-Dick et A. R. Quisumbing, "Gender Equity and Land: Toward Secure and Effective Access for Rural Women," in *Gender in Agriculture and Food Security: Closing the Knowledge Gap*, eds. A. Quisumbing, R. Meinzen-Dick, T. Raney, A. Croppenstedt, J. A. Behrman et A. Peterman (New York: Springer et FAO, à paraître).

[3] Banque mondiale, *Rapport mondial sur le développement 2012 : Gender Equality and Development* (Washington, DC : Banque mondiale, 2011).

[4] Lastarria-Cornhiel et al., "Gender Equity and Land."

[5] A. Bomuhangi, C. Doss et R. Meinzen-Dick, *Who Owns the Land? Perspectives from Rural Ugandans and Implications for Land Acquisitions*, IFPRI Discussion Paper 1136 (Washington, DC: Institut International de Recherche sur les Politiques Alimentaires, 2011).

[6] N. Kumar et A. R. Quisumbing, "Policy Reform toward Gender Equality in Ethiopia: Little by Little the Egg Begins to Walk," manuscrit inédit (Washington, DC : Institut international de recherche sur les politiques alimentaires, 2010).

CHAPITRE 8

Texte

[1] J. P. Pradhan et G. Lazaroiu, "Rise of Emerging Economies: An Introduction," *Economics, Management, and Financial Markets* 6, No. 1 (2011): 8–18.

[2] Déclaration conjointe de la Sixième réunion des ministres du BRICS en charge de l'agriculture et du développement agraire, 30 octobre 2011, Chengdu, Chine.

[3] S. Fan et J. Brzeska, *The Role of Emerging Countries in Global Food Security*, IFPRI Policy Brief 15 (Washington, DC: Institut international de recherche sur les politiques alimentaires, 2010).

[4] Partenariat de Busan pour une coopération efficace pour le développement, Quatrième forum de haut niveau sur l'efficacité de l'aide, Busan, République de Corée, 29 novembre – 01 décembre 2011.

[5] T. Elhaut et N. Berghinz, "South-South Cooperation in IFAD's Operating Model: A Background Paper on Experiences, Lessons Learnt, and Ways Forward" (Fonds international pour le développement agricole, Rome, 2010).

[6] Conseil économique et social des Nations Unies, « Culture générale sur le Forum pour la coopération en matière de développement : Tendances sur la coopération Sud-Sud et la coopération triangulaire en matière de développement » (New York, 2008), www.un.org/en/ecosoc/docs/pdfs/south-south_cooperation.pdf.

[7] D. Brautigam, *The Dragon's Gift: The Real Story of China in Africa*, (Oxford, UK: Oxford University Press, 2009).

[8] Forum économique mondiale, *Réaliser une nouvelle vision pour l'agriculture : Une feuille de route pour les parties prenantes* (Genève, 2010).

[9] Forum économique mondial, recommandations des Groupes de travail du forum du G20 sur la sécurité alimentaire, Communiqué de presse, 8 juin 2011www.weforum.org/news/forum-g20-task-force-group-presents-recommendations-food-security.

[10] Sir Ratan Tata Trust & Navajbai Ratan Tata Trust, *Annual Report 2010–2011* (Mumbai, 2011).

[11] L.-E. Eleftheriou-Smith, "Unilever Launches Global Charity Foundation," *Marketing*, 27 janvier 2012, www.marketingmagazine.co.uk/news/1114363/Unilever-launches-global-charity-foundation; Publicity Update, "Unilever Launches Global Foundation," 30 janvier 2012, www.publicityupdate.co.za/?idstory=44564.

[12] Fondation Rockefeller, subventions et bénéficiaires : Grants and Grantees: Alliance for a Green Revolution in Africa, www.rockefellerfoundation.org/grants/grants-and-grantees/23e190b2-9cf7-4706-bc90-f4e70d036633.

[13] G20 Ministres de l'Agriculture, Plan d'action sur la volatilité des prix des denrées alimentaires et l'agriculture, déclaration ministérielle, Rencontre des ministres du G20, Paris, 22–23 juin 2011.

[14] Conférence des Nations Unies pour le commerce et le développement, « The Role of South-South and Triangular Cooperation for Sustainable Agriculture Development and Food Security in Developing Countries» note pour la deuxième session, 14-16 décembre 2009.

[15] SiteWeb de la fondation Bill & Melinda Gates, www.gatesfoundation.org, visitée le 30 décembre 2011.

[16] S. Fan, *Halving Hunger: Meeting the First Millennium Development Goal through "Business as Unusual,"* IFPRI Food Policy Report (Washington, DC: Institut international de recherche sur les politiques alimentaires, 2010).

[17] Forum économique mondial, agriculture et sécurité alimentaire mondiale, http://www.weforum.org/issues/agriculture-and-food-security?fo=1.

[18] Réseau agro-alimentaire international, « Proposal for Modalities for Private Sector Participation in the Committee for World Food Security», trente septième session, comité de la sécurité alimentaire mondiale, Rome, 17-22 octobre 2011.

Encadré 12

[1] Les conclusions de l'encadré 12 sont basées sur la triangulation des rapports des média, interviews, visites de terrain, et des publications. Pour plus de détails et d'autres informations sources plus spécifiques, voir D. Brautigam et T. Xiaoyang, « China's Engagement in African Agriculture: Down to the Countryside," *China Quarterly* 199 (2009): 686–706; D. Brautigam, *The Dragon's Gift: The Real Story of China in Africa* (Oxford: Oxford University Press, 2009); et *China in Africa: The Real Story Blog*, http://chinaafricarealstory.com.

Encadré 14

[1] Hudson Institute Center for Global Prosperity, *Index of Global Philanthropy and Remittances 2011* (Washington, DC: 2011).

Encadré 15

[1] Forum économique mondiale, *Réaliser une nouvelle vision pour l'agriculture : Une feuille de route pour les parties prenantes* (Genève : Forum économique mondial, 2010), www.weforum.org/reports/realizing-new-vision-agriculture-roadmap-stakeholders.

[2] PepsiCo, "PepsiCo to Partner with China's Ministry of Agriculture to Promote Sustainable Farming," communiqué de presse, 19 septembre

2011, www.pepsico.com/PressRelease/PepsiCo-to-Partner-with-Chinas-Ministry-of-Agriculture-to-Promote-Sustainable-Fa09192011.html.

[3] PepsiCo, Greater China, *Performance with Purpose: Sustainability Report*, 2011, www.pepsico.com/Download/GCR_Sustainability_Report_EN_Final.pdf.

[4] PepsiCo, Inde, « Purpose: Human Sustainability », http://pepsicoindia.co.in/purpose/human-sustainability.html, visité le 13 février 2012.

CHAPITRE 9

Texte

[1] Economist Intelligence Unit, Rapports mensuels par pays: Algérie, Bahrain, Les Comores, Djibouti, Égypte, Iran, Iraq, Jordanie, Kowait, Liban, Libye, Malte, Mauritanie, Maroc, Oman, Qatar, Arabie Saoudite, Syrie, Tunisie, Emirats arables unis, et le Yémen pour janvier, février, mars et avril 2011, www.eiu.com; Fond monétaire international, *Regional Economic Outlook: Middle East and Central Asia* (Washington, DC, 2011), www.imf.org/external/pubs/ft/reo/2011/mcd/eng/mreo0411.htm.

[2] *Regional Economic Outlook: Middle East and Central Asia*; *The Economist*, "Throwing Money at the Street," 10 mars 2011, www.economist.com/node/18332638?story_id=18332638.

[3] Programme des Nations Unies pour le développement, *Rapport arabe de développement humain 2009: Défis de la sécurité humaine dans les pays arabes* (New York, 2009); J. R. Harrigan et H. El-Said, "The Economic Impact of IMF and World Bank Programs in the Middle East and North Africa: A Case Study of Jordan, Egypt, Morocco, and Tunisia, 1983–2004," *Review of Middle East Economics and Finance 6,* no. 2 (2010): 1–25, www.bepress.com/rmeef/vol6/iss2/art1.; C. Breisinger, O. Ecker, et P. Al-Riffai, *Economics of the Arab Awakening: From Revolution to Transformation and Food Security*, IFPRI Policy Brief 18 (Washington, DC: Institut international de recherche sur les politiques alimentaires, 2011).

[4] Fonds monétaire international, "Global Recovery Stalls, Downside Risks Intensify," *World Economic Outlook Update*, 24 janvier (Washington, DC: 2012).

[5] O. Badiane, *Agriculture and Structural Transformation in Africa*, Stanford Symposium Series on Global Food Policy and Food Security in the 21st Century (Stanford, CA: Center on Food Security and the Environment. Stanford University, 2011); M. McMillan et D. Rodrik, *Globalization, Structural Change, and Productivity Growth,* Working Paper 17143 (Cambridge, MA: National Bureau for Economic Research, 2011).

[6] Badiane, *Agriculture and Structural Transformation in Africa.*

[7] R. Hausmann et B. Klinger, *Structural Transformation and Patterns of Comparative Advantage in the Product Space,* Faculty Research Working Paper Series (Cambridge, MA: Harvard University, Kennedy School of Government, 2006).

[8] H. Chenery, "Patterns of Industrial Growth," *American Economic Review* 50 (1960): 624–654.

[9] D. J. Teece, "Firm Capabilities and Economic Development: Implications for Newly Industrializing Economies," in L. Kim and R. Nelson, eds., *Technology Learning and Innovation: The Experience of Newly Industrializing Economies* (Cambridge, UK: Cambridge University Press, 2000).

[10] Nouveau partenariat pour le développement de l'Afrique, Programme détaillé pour le développement de l'agriculture africaine, http://www.nepad-caadp.net/.

[11] S. Lall, "Technological Change and Industrialization in the Newly Industrializing Asian Economies: Achievements and Challenges," dans L. Kim et R. Nelson, eds., *Technology Learning and Innovation: The Experience of Newly Industrializing Economies* (Cambridge, UK: Cambridge University Press, 2000); Teece, "Firm Capabilities and Economic Development."

[12] M. Dodgson, "Policies for Science, Technology, and Innovation in Asian Newly Industrializing Economies," dans L. Kim et R. Nelson, eds., *Technology Learning and Innovation: The Experience of Newly Industrializing Economies* (Cambridge, UK: Cambridge University Press, 2000); J. Mathews, "High Technology Industrialization in East Asia," *Journal of Industry Studies* 3, no. 2 (1996): 1–77.

[13] New Partnership for Africa's Development, *CAADP Framework for the Improvement of Rural Infrastructure and Trade-related Capacities for Market Access: Strategic Area A: Raising Competitiveness and Seizing Opportunities in Domestic, Regional, and International Markets* (Johannesburg, 2008).

[14] T. Sonobe et K. Otsuka, *Cluster-Based Industrial Development: A Comparative Study of Asia and Africa* (New York: Palgrave Macmillan, 2011).

[15] India, Planning Commission, *Report of the Working Group on Nutrition for the Twelfth Five-Year Plan (2012–17)* (New Delhi, 2011).

[16] Programme des Nations Unies pour le développement, *Rapport sur le développement humain 2011: Durabilité et équité: Un meilleur avenir pour tous* (New York, 2011).

Encadré 16

[1] Système régional d'analyse stratégique et d'appui à la connaissance (ReSAKSS), www.resakss.org, consulté le 16 mars 2012.

[2] Ministère de la Finance et de l'Economie, (MINECOFIN), Republique du Rwanda, Budget Laws for 2006–2011, www.minecofin.gov.rw/ministry/directorates/nb, consulté le 26 mars 2012.

[3] O. Badiane, *Sustaining and Accelerating Africa's Agricultural Growth Recovery in the Context of Changing Global Food Prices*, IFPRI Policy Brief 9 (Washington, DC: Institut international de recherche sur les politiques alimentaires, 2008).

Encadré 17

[1] Ministère du Développement des femmes et des enfants, Gouvernement de l'Inde, Five Year Strategic Plan (2011–2016), http://wcd.nic.in/MWCD_Strategic_Plan_10-02-2011.pdf, consulté le 16 mars 2012.

[2] A. Kumar, P. Kumar, Praduman et A. N. Sharma, "Rural Poverty and Agricultural Growth in India: Implications for the Twelfth Five Year Plan," *Indian Journal of Agricultural Economics* 66, no. 3 (2011): 269–78.

[3] S. Kadiyala, P. K. Joshi, S. Mahendra Dev, T. Nanda Kumar et V. S. Vyas, *Strengthening the Role of Agriculture for a Nutrition-Secure India* (New Delhi, Inde: Institut international de recherche sur les politiques alimentaires, 2011).

COLLABORATEURS

Perrihan Al-Riffai Analyste de recherche à la Division Stratégie de développement et gouvernance de l'Institut international de recherche sur les politiques alimentaires, Washington, DC.

Kym Anderson Professeur de sciences économiques George Gollin à l'Université d'Adélaïde, Australie.

Suresh Babu Maître de recherche à l'Unité Partenariats, impact, et renforcement des capacités de l'Institut international de recherche sur les politiques alimentaires, Washington, DC.

Ousmane Badiane Directeur pour l'Afrique de l'Institut international de recherche sur les politiques alimentaires et chef du Bureau régional de l'Afrique occidentale et centrale, Dakar, Sénégal.

Nienke Beintema Chef du programme Initiative pour les indicateurs scientifiques et technologiques agricoles de l'Institut international de recherche sur les politiques alimentaires, Rome.

Samuel Benin Chargé de recherche à la Division Stratégie de développement et gouvernance de l'Institut international de recherche sur les politiques alimentaires, Kampala, Ouganda.

Deborah Brautigam Maître de recherche à la Division Stratégie de développement et gouvernance de l'Institut international de recherche sur les politiques alimentaires, Washington, DC.

Clemens Breisinger Chargé de recherche à la Division Stratégie de développement et gouvernance de l'Institut international de recherche sur les politiques alimentaires, Washington, DC.

Joanna Brzeska Consultante pour l'Institut international de recherche sur les politiques alimentaires basée au Luxembourg.

Bruce Campbell Directeur du Programme de recherche sur le changement climatique, l'agriculture et la sécurité alimentaire du CGIAR, Copenhague, Danemark.

Rahul Chaturvedi Responsable principal des programmes de la Foundation for Ecological Security, Anand, Inde.

Kevin Chen Maître de recherche à la Division Stratégie de développement et gouvernance de l'Institut international de recherche sur les politiques alimentaires, Pékin.

Cindy Cox Rédactrice technique à la Division Environnement et technologies de production de l'Institut international de recherche sur les politiques alimentaires, Washington, DC.

S. Mahendra Dev Directeur de l'Institut Indira Gandhi de recherche sur le développement, Bombay, Inde.

Betina Dimaranan Chargée de recherche à la Division Marchés, commerce, et institution de l'Institut international de recherche sur les politiques alimentaires, Washington, DC.

Paul Dorosh Directeur de la Division Stratégie de développement et gouvernance de l'Institut international de recherche sur les politiques alimentaires, Washington, DC.

Olivier Ecker Chercheur postdoctoral à la Division Stratégie de développement et gouvernance de l'Institut international de recherche sur les politiques alimentaires, Washington, DC.

Shenggen Fan Directeur général de l'Institut international de recherche sur les politiques alimentaires, Washington, DC.

Heidi Fritschel Éditrice en chef à l'Institut international de recherche sur les politiques alimentaires, Washington, DC.

Sara Gustafson Spécialiste en communications à l'Institut international de recherche sur les politiques alimentaires, Washington, DC.

Derek Headey Chargé de recherche à la Division Stratégie de développement et gouvernance de l'Institut international de recherche sur les politiques alimentaires, Addis-Abeba, Éthiopie.

Jikun Huang Directeur du centre chinois d'étude des politiques agricoles, académie chinoise des sciences, Pékin.

Kabba T. Joiner Conseiller politique principal chez Helen Keller International, Accra, Ghana.

P. K. Joshi Directeur pour l'Asie du Sud de l'Institut international de recherche sur les politiques alimentaires, New Delhi.

Suneetha Kadiyala chargée de recherche à la Division Pauvreté, santé, et nutrition de l'Institut international de recherche sur les politiques alimentaires, New Delhi.

Zhenya Karelina Assistante de recherche au bureau du directeur général de l'Institut international de recherche sur les politiques alimentaires, Washington, DC.

Jawoo Koo Chargé de recherche à la Division Environnement et technologies de production de l'Institut international de recherche sur les politiques alimentaires, Washington, DC.

David Laborde Maître de recherche à la Division Marchés, commerce, et institution de l'Institut international de recherche sur les politiques alimentaires, Washington, DC.

Rachel Licker Assistante de recherche de troisième cycle à l'université de Wisconsin-Madison, États-Unis.

Tsitsi Makombe Chef de programme au Bureau de l'Afrique occidentale et centrale de l'Institut international de recherche sur les politiques alimentaires, Dakar, Sénégal.

Sohail J. Malik Chercheur invité à la Division Stratégie de développement et gouvernance de l'Institut international de recherche sur les politiques alimentaires, Washington, DC.

Paswel Marenya Chercheur postdoctoral à la Division Environnement et technologies de production de l'Institut international de recherche sur les politiques alimentaires, Washington, DC.

Geraldo B. Martha Jr. Chercheur à la Société brésilienne de recherche en agronomie (Embrapa), Brasília.

John McDermott Directeur du programme de recherche du CGIAR sur l'agriculture améliorant la nutrition et la santé mené par l'Institut international de recherche sur les politiques alimentaires, Washington, DC.

Ruth Meinzen-Dick Maître de recherche à la Division Environnement et technologies de production de l'Institut international de recherche sur les politiques alimentaires, Washington, DC.

Siwa Msangi Maître de recherche à la Division Environnement et technologies de production de l'Institut international de recherche sur les politiques alimentaires, Washington, DC.

Gerald C. Nelson Maître de recherche à la Division Environnement et technologies de production de l'Institut international de recherche sur les politiques alimentaires, Washington, DC.

Alejandro Nin Pratt Chargé de recherche à la Division Stratégie de développement et gouvernance de l'Institut international de recherche sur les politiques alimentaires, Washington, DC.

Ephraim Nkonya Maître de recherche à la Division Environnement et technologies de production de l'Institut international de recherche sur les politiques alimentaires, Washington, DC.

Tolulope Olofinbiyi Analyste de recherche au bureau du Directeur général de l'Institut international de recherche sur les politiques alimentaires, Washington, DC.

Steven Were Omamo Directeur et représentant de l'Union africaine et la Commission économique pour l'Afrique des Nations-Unies au Programme alimentaire mondial, Addis-Abeba, Éthiopie.

Robert Paarlberg Professeur de sciences politiques Betty F. Johnson à Wellesley College à Boston et professeur agrégé à l'université d'Harvard, Cambridge, Massachusetts.

Amanda Palazzo Analyste de recherche à la Division de l'environnement et des technologies de production de l'Institut international de recherche sur les politiques alimentaires, Washington, DC.

Rajul Pandya-Lorch Chef de l'initiative de Vision 2020 de l'Institut international de recherche sur les politiques alimentaires et chef de cabinet au bureau du directeur général, Washington, DC.

Amber Peterman chargée de recherche à la Division Pauvreté, santé, et nutrition de l'Institut international de recherche sur les politiques alimentaires, Kampala, Ouganda.

Prabhu Pingali Directeur adjoint du développement agricole de la fondation Bill & Melinda Gates, Seattle, Washington.

Beatriz da Silveira Pinheiro Directrice de la Division des études stratégiques et du renforcement des capacités de la Société brésilienne de recherche en agronomie (Embrapa), Brasília.

Nilam Prasai Curateur de données à la Division des communications de l'Institut international de recherche sur les politiques alimentaires, Washington, DC.

Agnes Quisumbing Maître de recherche à la Division Pauvreté, santé, et nutrition de l'Institut international de recherche sur les politiques alimentaires, Washington, DC.

Ana Ramirez Analyste de recherche au bureau du Directeur général de l'Institut international de recherche sur les politiques alimentaires, Washington, DC.

Jagdeesh Rao Puppala Directeur général de la Foundation for Ecological Security, Anand, Inde.

Claudia Ringler Directrice adjointe de la Division Environnement et technologies de production de l'Institut international de recherche sur les politiques alimentaires, Washington, DC.

Alexander J. Stein Coordinateur de recherche au bureau du Directeur général de l'Institut international de recherche sur les politiques alimentaires, Washington, DC.

M. S. Swaminathan Président de la Fondation de Recherche M S Swaminathan, Chennai, Inde, et député.

Maria Theresa Tenorio Analyste de programme à la Division Environnement et technologies de production de l'Institut international de recherche sur les politiques alimentaires, Washington, DC.

Peter Timmer Professeur émérite des études de développement Thomas D. Cabot à l'université d'Harvard, Cambridge, Massachusetts.

Maximo Torero Directeur de la Division Marchés, commerce, et institutions de l'Institut international de recherche sur les politiques alimentaires, Washington, DC. Il est aussi directeur de l'Institut pour l'Amérique Latine.

Klaus von Grebmer Maître de recherche et conseiller stratégique au bureau du directeur général de l'Institut international de recherche sur les politiques alimentaires, Washington, DC.

Stanley Wood Maître de recherche à la Division Environnement et technologies de production de l'Institut international de recherche sur les politiques alimentaires, Washington, DC.

Derek Yach Vice-président principal de la politique agricole et sanitaire de PepsiCo, New York.

Sivan Yosef Chef de projet au bureau du Directeur général de l'Institut international de recherche sur les politiques alimentaires, Washington, DC.

Bingxin Yu Chargée de recherche à la Division Stratégie de développement et gouvernance de l'Institut international de recherche sur les politiques alimentaires, Washington, DC..

Made in United States
Cleveland, OH
05 November 2026

47601850R00076